Daunderer · Akute Intoxikationen

Akute Intoxikationen

Hausärztliche und klinische Therapie

Dr. med. Max Daunderer
1. Med. Abt., Städt. Krankenhaus
München-Schwabing
Unter Mitarbeit von
Dr. med. Adam Weidner, Ludwigshafen

Geleitwort
Prof. Dr. H.-W. Koeppe, München

Übersicht in tabellarischer Form
mit 2 Abbildungen
und 1 eingesteckten Falttafel

Urban & Schwarzenberg · München - Berlin - Wien 1974

U&S Taschenbücher · 49

ISBN 3-541-06371-8

Gesamtherstellung: Passavia Passau.
Printed in Germany.

Geleitwort

Schon seit vielen Jahren bringt die MEDIZINISCHE KLINIK fortlaufend Tafelserien als Beilage der Zeitschrift, wobei vor allem praxisnahe Themen behandelt werden. Da sich diese Zusammenstellungen besonderer Beliebtheit erfreuen, werden sie auch künftig fortgesetzt. Die erschreckende Zunahme von Vergiftungsfällen und deren Bedeutung hatte die Schriftleitung der MK bewogen, einen Experten auf diesem Gebiet zu bitten, auf möglichst engem Raum jene Gifte und Substanzen zusammenzustellen, die zu einer akuten Intoxikation führen können. In dankenswerter Weise hat sich Herr Dr. Max Daunderer, I. Medizinische Abteilung, Städtisches Krankenhaus München-Schwabing (Direktor: Prof. Dr. H. Begemann), dieser besonderen Aufgabe angenommen und auf 48 Tafeln das gebracht, was der Arzt in der Praxis, aber auch der Krankenhausarzt über die Soforttherapie im Notfall wissen muß. Angeführt sind nicht nur die einzelnen Stoffgruppen, sondern auch die allgemein so wichtigen Kapitel wie der Untersuchungsgang (Diagnostik), Erste Hilfe bei Vergiftungen zur Erhaltung und Sicherung der Vitalfunktionen, Fragen der Giftelimination vor und nach Resorption sowie die Vergiftungstherapeutika. Dankbar ist die Schriftleitung der MK auch Herrn Dr. Adam Weidner (Ludwigshafen), der als besonderer Sachkenner 5 Kapitel übernommen hat, nämlich die Vergiftungen mit Procainamid, Lidocain, Ajmalin, N-propyl-Ajmalinbitartrat, Glykosiden, Chinin und Chinidin sowie Spartein und bestimmten Kombinationspräparaten. Die große Nachfrage nach einzelnen Tafelbeilagen bzw. der ganzen Serie war Anlaß, alle 53 Tafeln in einem Buch zusammenzufassen, um dem Arzt für den Notfall das nötige Rüstzeug in die Hand zu geben, zumal die Zusammenstellung sehr klar und übersichtlich und auch auf die praktischen Bedürfnisse ausgerichtet ist. Außerdem fanden alle jene Substanzen Berücksichtigung, welche die Menschen in zunehmendem Maß bedrohen, wie zum Beispiel besonders auch die Drogen. Ich bin überzeugt, daß die hier vorliegende Zusammenstellung die Notfallhilfe bei einem Vergiftungsfall ist, und zwar sowohl für den Arzt in der Praxis als auch für den Kliniker.

Prof. Dr. *Hans-Werner Koeppe*, München

Inhaltsverzeichnis

Diagnostik (Untersuchungsgang)

Ursache jeder veränderten Bewußtseinslage kann eine Vergiftung sein!

1. Atmung

Frequenz	Rhythmus	Tiefe	Art	Auskultation	Atemwege	Ausatemluft
Hyperventilation Biotsche Atmung Verlangsamte Atmung Apnoe	Regelmäßig Unregelmäßig Cheyne-Stokes-Atmung	Oberflächlich Vertieft Apnoe	Eupnoe Dyspnoe Cheyne-Stokes-Atmung Kußmaul-Atmung Biotsche Atmung Schnarchen	Spastik Rasselgeräusche Pneumothorax Lungenödem	Frei Verlegt Fremdkörper Verschleimt Glottisödem	Gerüche wie: Alkohol Aceton Bittermandel Chlor Chloroform Benzol Formaldehyd Knoblauch Rauch Senföl Stadtgas

2. Herz und Kreislauf

Frequenz	Rhythmus	Ekg	Töne	Pulse	Venen	Akren
Normal	Regelmäßig	Rhythmusstörung	Rein	Kräftig	Leer	Gerötet
Bradykardie	Unregelmäßig	Extrasystolen	Gespalten	Schwach	Voll	Blaß
Tachykardie	Extrasystolen	Überleitungsstörung	Geräusch	Radialis	Stauung	Zyanotisch
		Repolarisationsstörung		Karotiden		Kalt/warm
				Femoralis		Feucht/trocken
				Blutdruck		

3. Zentralnervensystem

Reflexe	Krämpfe	Augen	Bewußtseinslage	Psyche
Ausfälle	Tonisch	Pupillen-Weite,	Klar	Unauffällig
Pathologische Seitendifferenz	Klonisch	-Form, -Reaktion,	Somnolent	Agitiert
Steigerung	Tetanisch	-Seitendifferenz	Bewußtlos	Depressiv
Abwehrreflexe	Epileptiform	Fundus	Stuporös	Halluzinationen
Schmerzreaktion	Generalisiert	Brechende Medien	Cave:	Psychosen
Parese	Herdförmig	Ex-, Enophthalmus	Vorgetäuschte Somnolenz	
Parästhesie	Dauer	Nystagmus	(Kneifen, N.-frontalis-Druck)	
Gleichgewichtsstörung	Häufigkeit	Strabismus		
Meningismus	Fibrillationen	Doppelbilder		
	Tremor	Gesichtsfeld		
		Skotom, Tension		
		Sehkraft		

4. Haut

Farbe	Wärme	Turgor	Schleimhaut	Artefakt	
Normal	Kalt	Straff	Durchblutung	Schorf	Blutung
Zyanotisch	Warm	Exsikkiert	Läsion	Injektionsnarbe	Hämatom
Blaß	Hyperthermie	Feucht	Belag	Ätzung	Allergie
Rot		Trocken	Zunge	Verletzung	Dekubitus
Livide Flecken		Ödeme		Verbrennung	Parasiten
Verunreinigt		Gänsehaut		Verquellung	

5. Grobe Organuntersuchung

Gastrointestinaltrakt	Leber/Milz	Geschlechtsorgane	Harnorgane
Nausea, Erbrechen	Vergrößerung	Gravidität	Blasenfüllung
Peristaltik	Druckschmerz	Menstruation	Nierenlager
Abwehrspannung	Oberfläche	Venerische Erkrankungen	Urinbeschaffenheit
Druckschmerz	Konsistenz	Fremdkörper (Ovula?)	Giftnachweis
Durchfall			
Blutung			
Stuhlbeschaffenheit			
Rektale Untersuchung (Suppositorien?)			

6. Apparative Diagnostik

Labor: Blutzucker, Blutgase, Harnstoff, Elektrolyte, Hämatokrit, Blutbild, BKS, Bilirubin, GOT, alkalische Phosphatase, Prothrombinzeit, Gerinnungsstatus.

Röntgen: Thorax, Schädel, Abdomen.
Sonstiges: Ekg, Echoenzephalogramm, EEG, Blutdruck, Temperatur, evtl. neurologisch-psychiatrischer, chirurgischer, gynäkologischer Konsilarius.

7. Wichtigste Schnellnachweismethoden

Drägersches Gasspürgerät (Nachweis in der ausgeatmeten Luft):

Alkohol 100/a	Blausäure 2/a	Schwefelwasserstoff 1/c	Trichloräthylen 10/a
Ammoniak 5/a	Benzol 0,05	Tetrachlorkohlenstoff 10/b	Toluol 5/a
Atem-CO 2/a	Formaldehyd 0,002	Trichloräthan 50/b	

Merckotest®, Acholest® (Teststreifen zur Cholinesterasebestimmung bei Alkylphosphatvergiftung)

Dextrostix®
pH-Universal-Indikatorpapier

8. Exakte Eigen- und Fremdanamnese, Spurensicherung, Giftasservierung

Genauen zeitlichen Ablauf und alle Begleitumstände eruieren!

Ursache: Suizid, kriminell, Unfall, gewerblich?

Differentialdiagnose des Komas

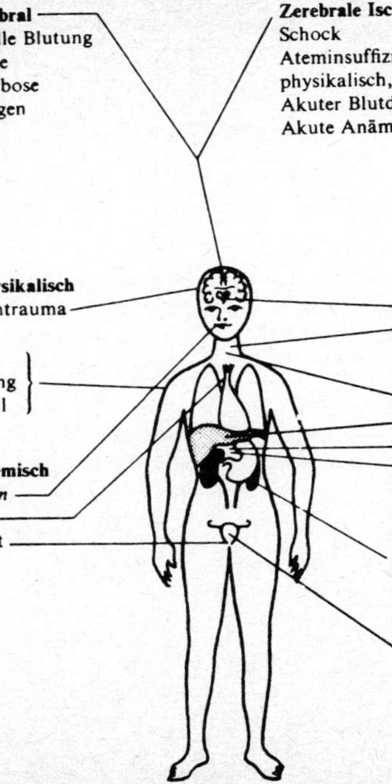

Erste Hilfe bei Vergiftungen

> Vorrang vor einem schnellen Transport in die nächste Klinik haben die Erhaltung und Sicherung der Vitalfunktionen!

Atmung

Vergifteten an die frische Luft bringen. Atemwege freihalten, absaugen.
Somnolente → Güdel-Tubus; Bewußtlose → Intubieren

Ber verminderter Spontanatmung beatmen (Vorsicht mit Mund-zu-Mund-Beatmung bei manchen Giften. Selbstschutz! Besser: Ambu-Beutel und Maske).

Kreislauf

1. *Schockbekämpfung* (kalte Akren, Blässe, Tachykardie, Hypotonie) (s. S. 8):

Beine hochlagern.

Sobald wie möglich Plasmaersatz infundieren.

Keine peripheren Kreislaufmittel (Effortil®, Novadral®, Akrinor®).

2. *Lungenödem behandeln* (Dyspnoe, Zyanose):

Aufsetzen, Beine herabhängen lassen, Ruhe, Wärme;

Furosemid (20 mg Lasix® i.v.)

Sedativa (10 mg Valium® i.v.);

Cortison (200 mg);

Tachostyptan (2 Amp. i.v.)

Sauerstoff; Digitalisieren.

3. *Herzaktion regulieren*

Bei fehlendem Karotispuls Herzmassage (hartes Brett als Unterlage!)
Beatmen! Nicht zu früh aufhören.

Vergiftungstherapie

Benetzte Kleider *ausziehen*

Auge und Haut mit viel Wasser *spülen*.

Kurz nach Gifteinnahme viel *trinken* lassen (jede Flüssigkeit außer Milch oder Alkoholika),
nicht nach Benzin, Waschmittelingestion.

Mechanisch *erbrechen* lassen und/oder *Kohlekompretten* (50 Stück) essen lassen bzw. Paraffinöl (150 ml) trinken lassen.

Laxantiengabe (2 Eßlöffel gelöstes Natriumsulfat eingeben).

Schmerzbekämpfung, notfalls Sedierung.

Warmhalten!

Bewußtlose in stabile Seitenlage bringen.

Bei allen unklaren Vergiftungen sofort telefonischen Rat der nächsten Vergiftungszentrale einholen! (s. S. 122):

[1]) Giftreste aufheben (Spurensicherung), Begleitzettel mit in die Klinik geben.

Schock

A. Vergiftungsschock = Volumenmangelschock

Die beste Schockbekämpfung ist die Prophylaxe!

Keine peripheren Kreislaufmittel geben (Effortil®, Novadral®, Akrinor®, Hypertensin®)!

Wichtig ist nicht ein ausreichender Blutdruck, sondern ein ausreichender Blutfluß!

Nierendurchblutung nicht medikamentös drosseln!

1. Zur Schockprophylaxe oder Schocktherapie (Akren kalt, Blutdruck nicht meßbar, Tachykardie, Puls fadenförmig) sofort:

500,0 Neo-Plasmagel®

oder ein anderes Gelatinepräparat (evtl. als Schnellinfusion) infundieren und zentralen Venendruck auf 12–15 cm H_2O (Blutdruck um 110 mm Hg systolisch) halten. Nur bei nicht meßbarem Blutdruck initial 500,0 Rheomacrodex®. Keine weiteren Dextranpräparate! Bei Vergiftungen sonst möglichst keine Dextrane!

2. Bekämpfung der Azidose mit hohen *Bicarbonat- oder Trispuffer-Gaben,* entsprechend wiederholten arteriellen Blutgasanalysen.

3. Bei Weiterbestehen der Zentralisation Eröffnen der Peripherie mit

α-Rezeptorenblockern.

a) Hydergin® (3 Ampullen alle 15 Minuten i.v.);
b) Dehydrobenzperidol® (7,5 bis 12,5 mg i.v., Wiederholung in einer Stunde möglich);
c) Alupent® (20 γ/Minute – 1 Tropfen entspricht 1 γ, falls 1 Ampulle mit 10 ml = 5 mg in 500 ml Lävulose).

4. Im Stadium der Dezentralisation (beginnender irreversibler Schock), Lähmung des Sympathikus (warme Akren, Hypotonie): Zuerst Volumenmangel beseitigen: *Plasmaexpander,* dann Gaben von Orciprenalin: *Alupent®* als β-Stimulator (nicht bei Vergift. mit Kohlenwasserstoffen).

5. Normalisierung des Gasaustauschs in den Lungen.

6. Aufrechterhaltung bzw. Wiederherstellung der Nierenfunktion. (Bei Anurie nach Volumenauffüllung und Acidosetherapie Gabe von *Lasix-250*® in Ringer-Glucose-Infusion.)

7. Schmerzstillung, Sedierung.

B. Anaphylaktischer Schock

1. Beatmen, evtl. Tracheotomie, O_2.

2. Herzmassage.

3. Plasmaexpander (Rheomacrodex®), Humanalbumin (Human-Albumin 20% Behringwerke, 50 ml; Humanalbumin „Biotest" 20%, 50 ml, 100 ml) zur schnellen Volumenauffüllung.

4. Corticosteroide in hoher Dosierung (Solu-Decortin®-H 250 mg i.v.).

5. Azidosebekämpfung.

6. Valium® oder Dolantin® S zur Reflexdämpfung.

7. Antihistaminika parenteral (Avil®, Sandosten®-Calcium, Synpen®, Systral®, Tavegil®).

8. Kontrolle der Blutgerinnung.

Giftelimination – Vor Resorption

A. Auge

Mehrere Minuten ektropioniert mit reinem Leitungswasser bzw. mit physiologischer Kochsalzlösung spülen.

Keine neutralisierenden Zusätze!

Die Spülung kann unter dem Wasserhahn oder mit einer größeren Injektionsspritze (ohne Kanüle) erfolgen.

Kalkpartikelchen ektropioniert mit Wattebausch entfernen.

B. Haut

Abwaschen mit viel Wasser und Seife, evtl. Pril.

Organische Stoffe, Lösungsmittel oder Schwermetalle mit Lutrol® (BASF) abspülen; nicht Benzin oder Alkohol verwenden!

C. Intestinaltrakt

1. Erbrechen

Indikationen:

a) Erste Hilfe (Wohnung, Praxis);
b) kurze Zeit verstrichen;
c) Wahrscheinlichkeit einer untoxischen Giftmenge;
d) gute Kooperation;
e) erhaltener Würgereflex.

Kontraindikationen:

a) Waschmittel (untoxisch, Lungenödem);
b) zwei Stunden nach Alkoholeinnahme;
c) 24 Stunden nach Phenothiazineinnahme;
d) Halogenwasserstoffe;
e) Säuren und Laugen;
f) Lösungsmittel;
g) Atem- und Kreislaufinsuffizienz;
h) Krampfbereitschaft.

Kinder: Sirup ipecacuanhae

Rp. Extract. fluidum ipecac.	14,0 g
Glycerini	10,0 g
Sirupus sacchari ad	130,0 g

Zuerst 100 bis 200 ml Himbeersaft trinken lassen, dann Kindern bis zum Alter von 18 Monaten 10 ml, älteren Kindern 15 ml Sirup ipecacuanhae eingeben. Falls nach 30 Minuten kein Erbrechen erfolgt, sofortige Magenspülung. Wegen der langen Wartezeit bei gefährlichen Giften kontraindiziert!

Erwachsene: Bei erhaltenem Würgereflex Salzwassermethode:

2 bis 3 Eßlöffel Kochsalz auf 1 Glas 40 °C heißes Wasser (oder irgendeine andere Flüssigkeit außer Milch) so oft trinken und erbrechen lassen, bis reines Wasser erbrochen wird; Reizung des Zungengrundes zum Erbrechen mit Holzspatel oder Zeigefinger des Patienten.

Ausnahmefälle (z.B. tobende Alkoholiker, Einnahme von Mottenkugeln): Apomorphin,

0,1 mg pro kg Körpergewicht, zur Vermeidung eines Kreislaufkollapses in einer Mischspritze mit Akrinor® (200 mg) i.m. Mit dem Antidot Lorfan® (0,02 mg/kg/Körpergewicht) den Brechvorgang beenden.

2. Nasoösophageale Magensonde

zum Absaugen und zur Kohleinstillation

Indikationen:

a) Tobende Intoxikierte;
b) alle Fälle, bei denen eine Spülung kontraindiziert ist (Säure, Lauge, Lösungsmittel, Waschmittel, einige Tage nach Tabletteneinnahme und weiterbestehender Bewußtlosigkeit).

3. Magenschlauch

Indikationen:

a) Jede ernstere Vergiftung;
b) Vergiftungsverdacht bei Bewußtlosen;
c) alle bewußtlosen Vergifteten ohne Zeitgrenze.

Kontraindikationen:

a) Mangelhafte technische Ausrüstung (Intubation, Beatmung);
b) Tobende.

Vorher *Atropin* (1 mg = 2 Ampullen i.m., im Notfall 0,5 mg i.v.).

Bei Hypotonie Plasmaexpandergabe.

Bei erhaltenem Würgereflex Bauchlage, Kopf tief.

Schlauchdurchmesser: Erwachsene: 18 mm, Kinder: 12 mm.

Bei Bewußtlosen Rückenlage, dünner Schlauch, Intubation, geblockte Manschette.

Bei Krampfbereitschaft vorher Curarisierung und Intubation.

Technik

a) Lagekontrolle (Luft einblasen, Herausfließen des Mageninhalts);

b) kleine Portionen (300 ml);
c) geringer Druck (30 cm H_2O).

Neutralisierende Zusätze

Kaliumjodid oder Berliner Blau bei Thallium, Kaliumpermanganat bei Alkaloiden, Calciumgluconat bei Fluor und Oxalsäure, Natriumthiosulfat bei Blausäure und Jod u. a. (siehe bei den einzelnen Vergiftungen).

Adsorbens

a) Kohle (Universalmittel): 50 Kompretten Carbo medicinalis;
b) Paraffinöl (bei fettlöslichen Stoffen): Kinder: 100 ml, Erwachsene: 200 ml (3-5 ml/kg/KG).

a) und b) evtl. kombinieren. Adsorbierende Wirkung nur kurzfristig (24 Stunden)!
Wiederholung in 6stündl. Abstand.

Laxans

a) 3 Eßlöffel Natriumsulfat (kein Magnesiumsulfat!);
b) hohe Einläufe mit Dulcolax® spezial (erster etwa fünf Stunden nach der Magenspülung, dann so oft wiederholen, bis die Kohle erscheint).

Kohlezeit: normal drei bis vier Stunden, verlängert bei Schlafmittelvergiftung (Hinweis auf Giftmenge bzw. Einnahmezeitpunkt).

Therapie bei starker Verlängerung der Kohlezeit:

a) Pantothenylalkohol (5 Ampullen Bepanthen® in die Infusion);
b) Parasympathikomimetika (5 bis 10 Ampullen Mestinon® in die Infusion).

4. Artifizielle Diarrhoe

Zur Resorptionsverhinderung der bereits in die tieferen Darmabschnitte gewanderten Gifte (Schwermetalle, alle durch Kohle oder Paraffinöl vorübergehend adsorbierten Gifte) wird mit Natriumsulfat (sechsstündlich 2 bis 3 Eßlöffel) oder Sorbit (20 bis 40 ml einer 40%igen Lösung, mehrmals wiederholen) eine Diarrhoe herbeigeführt.

Giftelimination – Nach Resorption

1. Forcierte Abatmung über die Lunge

von gasförmigen Giften (CO, Blausäure, Narkotika, organische Lösungsmittel) durch mechanische Beatmung, evtl. mit Überdruck.

2. Forcierte Diurese

von nierengängigen Giften. Fast alle Gifte (Ausnahme: Chlordiazepoxid, Diazepam) oder zumindest ein Teil ihrer Metaboliten sind nierengängig. Durch Erhöhung der Harnmenge (12 bis 20 l in 24 Stunden) kann die damit ausgeschiedene Giftmenge pro Zeiteinheit erheblich gesteigert werden. Durch Alkalisierung (bei Barbituraten, Salicylsäure) oder durch Ansäuerung (bei Alkaloiden, Amphetaminen) wird die Konzentration des undissoziierten lipoidlöslichen Anteils des betreffenden Gifts im Plasma gesenkt und damit ein Abstrom der Substanz aus dem Gewebe ins Plasma erreicht. Durch Veränderung des Urin-pH wird die tubuläre Rückresorption vermindert und die Ausscheidung damit gefördert.

Alkalisierende Diurese: Bicarbonatzufuhr, bis der Urin-pH bei 7,8 liegt. Bei einer massiven Überalkalisierung (THAM) sind eine klinisch beherrschbare Atemdepression und eine Hypoglykämie zu erwarten.

Saure Diurese: Zufuhr von Ammoniumchlorid, HCl 1 n oder L-Argininhydrochlorid, bis der Urin-pH bei 5 liegt.

Voraussetzungen für eine forcierte Diurese:

a) Funktionsfähige Nieren (Mannitprobe!);
b) ausreichende Herz-Kreislauf-Funktion;
c) ausgeglichene Wasser-Elektrolyt-Bilanz.

Durchführungsmöglichkeiten

a) Angebot einer entsprechend großen elektrolytarmen Flüssigkeitsmenge und osmotische Anregung der Diurese durch intermittierende Mannitgaben;

b) Lasix®-Diurese: Da hier von Anfang an dem zu erwartenden Kaliumverlust vorgebeugt werden muß, empfiehlt es sich, nach einem festen Schema vorzugehen (siehe „Schlafmittelvergiftung", s. S. 34). Mehrmals täglich Elektrolytkontrolle!

3. Peritonealdialyse

Indikationen:

a) Kreislaufschock, Nierenversagen oder andere schwere Komplikationen (Pneumonie, Lungenödem, Hyperpyrexie);

b) zunehmende Verschlechterung des Krankheitsbildes trotz intensiver Therapie (wie forcierter Diurese);

c) alle nephrotoxischen und hämolysierenden Gifte, Methylalkohol- und Knollenblätterpilzvergiftungen;

d) Verdacht auf Einnahme einer tödlichen Dosis (hoher Serumspiegel).

Falls nicht einer dieser Punkte erfüllt ist, hat die Peritonealdialyse keine wesentlichen Vorteile gegenüber der forcierten Diurese. Falls es von Anfang an möglich ist, ist eine Kombination zwischen forcierter Diurese und Peritonealdialyse optimal.

4. Hämodialyse

Indikationen wie unter 3.

Kontraindikationen:

a) Schlechte Kreislaufverhältnisse;
b) Heparinallergie;
c) Fremdblutunverträglichkeit

Durch eine Hämodialyse werden die Gifte im Durchschnitt viermal schneller ausgeschieden als durch eine Peritonealdialyse. Durch Zusätze wie THAM oder Albumine kann die Elimination beschleunigt werden. Durch kurzfristige, jedoch wiederholte Dialysen kann ein tödliches Disäquilibriumsyndrom verhindert werden.

Bei folgenden Giften ist eine Dialyse nicht zu empfehlen:

Anilin	Colistin	Phenelzin
Arsen	Diazepam	Phenytoin
Atropin	Digoxin	Promazin
Bacitracin	Diphenhydramin	Propoxyphen
Chinin	Ergotamin	Quecksilber
Chlordiazepoxid	Imipramin	Rifamycin
Chlorpromazin	Lincomycin	Strophanthin
Chloroquin	Paracetamol	Tetracycline
Chromat	Penicillin und	Trifluperazin
Clindamycin	Abkömmlinge	

5. Antidottherapie

siehe bei der jeweiligen Vergiftung.

6. Austauschtransfusion

Indikationen:

a) hämolysierende Gifte;

b) Nierenversagen;

c) Methämoglobinämie.

Kontraindikationen wie unter 4.

Vergiftungstherapeutika

Medikament	Indikation	Dosierung	Bemerkungen (Nebenwirkungen)
Aluminiumphosphat			
(Phosphalugel® [Biotherax], Beutel 16 g, Glas 350 g, 1000 g)	Säuren, Laugen	*Sofort* 2 bis 4 Eßl. (Btl.) oral, Wiederholung halbstündlich	
Apomorphin			
(Apomorphin. hydrochloricum „Woelm", Amp. 0,01 g/l ml) (Emetikum)	Tobende Alkoholiker (s. S. 11)	0,1 mg/kg KG in Mischspritze mit Akrinor® (200 mg) tief i.m.	Nicht bei Kindern unter 4 Jahren! Nur bei erhaltenen Würgereflexen! Kreislaufkollaps, Atemlähmung Antidot: Lorfan® (0,02 mg/kg KG)
Atropin			
(Atropinum sulfuricum „MBK"®, Amp. 0,5 mg/l ml)	1. Prämedikation vor Intubation und Magenspülung	1,0 mg = 2 Amp. i.m. oder 0,5 mg i.v.	Tachykardie, trockene Schleimhäute, Mydriasis

Medikament	Indikation	Dosierung	Bemerkungen (Nebenwirkungen)
Atropin *(Fortsetzung)*	2. Alkylphosphate (E 605) (= Acetylcholinesterasehemmer)	*Sofort* i.v. bis zur Aufhebung von Miosis, Hypersalivation und Bradykardie, initial etwa 10 mg i.v., später entsprechend der Symptomatik im Dauertropf (z. B. 200 mg/die)	Anschließend Toxogonin®
Botulismus-Serum			
(Behring, 50 ml)	Fleisch-, Fisch- und Konservenvergiftung durch Botulinus	200 bis 400 ml i. m. oder i. v.	Auch zur Prophylaxe in Verdachtsfällen
Calcium-diäthylentriaminpentaacetat			
(Ditripentat-Heyl [DTPA], Amp. 1 g/5 ml)	Blei, Cadmium, Chrom, Eisen, Mangan, Zink, radioaktive Isotope	1 g = 1 Amp. mit physiologischer NaCl-Lösung) sehr langsam (10 min) i.v., dann 1 g als Infusion in 250 ml physiologischer NaCl-Lösung, Wiederholung in 6 Std.; 2mal täglich 1 g im Dauertropf; nach 6 Tagen Therapie 3 Tage Pause	Fieber, Durst, En-, Exanthem, Thrombozytopenie, Myalgien, Parästhesien, Schäden der Nierentubuli

Calcium dinatrium-EDTA (CALCIUM „Vitis", Calciumedetat-Heyl 20%ig, 2 ml, 5 ml)	Blei, Chrom, Eisen, Kobalt, Kupfer, Vanadium, Zink, Uran	3 Tage Therapie, 3 Tage Pause, bis 5 Serien. Höchstens 20 mg/kg KG i.v., also: 0,1 ml der 20%igen Lösung/kg/die in 10 ml/kg/die Glucoselösung	Nicht bei Glykosidintoxikation! Nach Latenzzeit (2 bis 14 Tage) toxische Nierenschädigung (Harnstatus), Blutdrucksenkung, Hypoglykämie (Zink-Insulin) Chelatbildner
Calcium gluconicum (z. B. Phytopharma) Amp. 10 ml, 10%ig, 20%ig	Allergie, Gase, Oxalsäure, Fluor (Magenspülung und intravenös)	10 ml 10%ige Lösung bei drohendem toxischen Lungenödem, evtl. wiederholt langsam i.v.	Verminderte Kapillarpermeabilität, Kammerflimmern. Vorsicht bei Digitalisierten!
Pulver	Oxalsäure	40 g zur Magenspülung (instillieren)	
Chlorpromazin (Megaphen® [Bayer], Amp. 50 mg/2 ml, 25 mg/5 ml)	LSD, Amphetamine	1 mg/kg KG verdünnt i.v. oder i.m., oral	Blutdruckabfall. Potenziert Barbiturate, Opiate, Alkohol und Sedativa Stört Wärmeregulation; nicht bei STP!
Crotetamid (Micoren® [Thomae], Amp. 112,5 mg/1,5 ml)	Atemdepression jeder Genese	1 bis 3 Amp. i.v. oder 10 Amp. in 500 ml Lävuloselösung als Dauertropf	Nausea, Erbrechen. Kein Ersatz für künstliche Beatmung!

Medikament	Indikation	Dosierung	Bemerkungen (Nebenwirkungen)
Dehydrobenzperidol® (Janssen, Amp. 25 mg/10 ml) (Neuroleptikum)	Zentralisierter Schock, Exzitation, Amphetamine	2,5 bis 10 mg i.m. oder i.v. (maximal 6mal 2 ml)	α-Rezeptorenblocker Hypotonie! Im Schock zur Senkung des erhöhten zentralen Venendrucks
Desferrioxamin B (Desferal® [Ciba], Amp. 500 mg Trockensubstanz)	Eisen	1. oral: 6 bis 8 g gelöst, evtl. auf mehrere Portionen verteilt 2. i.v.: 1 bis 3 g in 500 bis 1000 ml Lävuloselösung in 24 Std., maximal 16 mg/kg KG/Std.	Blutdruckabfall, Allergie. Verstärkt schon bestehende Niereninsuffizienz
Diazepam (Valium® [Roche], Amp. 10 mg/2 ml)	Krämpfe, Exzitation, Amphetamine	10 bis 20 mg i.v. oder i.m.	Atemdepression
Dimercaprol, BAL (Sulfactin Homburg®, Amp. 100 mg/2 ml)	Antimon, Arsen, Gold, Kupfer, Nickel, Quecksilber, Wismut, Zink, Kadmium-Dämpfe; evtl. Kobalt, Vanadium.	2,5 mg/kg tief i.m., 1. und 2. Tag 4stündlich, 3. und 4. Tag 6stündlich, 5. und 6. Tag 12stündlich	Erbrechen, Krämpfe, Kapillarschäden, Schock, Dermatosen, Speichelfluß Nicht bei Niereninsuffizienz oder insulinbedürftigem Diabetes mellitus.

Doxepin (Aponal® [Boehringer Mannheim], Amp. 25 mg/2 ml, Drg. 5 mg, 10 mg, Tabl. 50 mg)	Erregungszustand nach Drogeneinnahme (s. S. 40) (Amphetamine, Horror-Trip), Drogenentzug (s. S. 67)	50 mg oral, 2 bis 3 Amp. Aponal® und 1 Amp. Kinetin® in Mischspritze tief i.m., nicht i.v.! (Spritzensucht)	Keine Sucht, keine Atemdepression Anxiolytisch
EDTA-Na$_2$ (Hausmann oder Hameln, 500 ml Infusion 0,5%ig = 2,5 g)	Digitalis	500 ml Infusion/die (15 mg/kg KG Std., maximal 60 mg/kg KG/die)	Hypokalzämie, Nierenschädigung Ekg-Kontrolle!
Eisen-III-hexacyanoferrat II (Antidotum Thallii-Heyl, Kapseln 0,5 g)	Thallium	initial 6 Kapseln à 0,5 g öffnen oder in warmem Wasser auflösen und die Lösung eingeben (evtl. über Magenschlauch im Anschluß an die Spülung); dann 6mal 1 Kapsel täglich. Säugl.: 1/3, Kinder die Hälfte.	Untoxisch
Essigsäure (Speiseessig 4 bis 6%ig, Essigessenz 85%ig!)	Laugen	Auf 1 bis 2% verdünnt trinken	Vorsicht vor Verätzung mit Essenz

Medikament	Indikation	Dosierung	Bemerkungen (Nebenwirkungen)
Folsäure (Folsan® [Kali-Chemie], Amp. 15 mg/1 ml)	Methylalkohol	10 mg/kg i.v./die	
Gelatineplasmaersatzpräparat (Haemaccel®, Gelifundol®, Neo-Plasmagel®)	Blutdruckabfall, Schock	Anfangs als Schnellinfusion, später im Bypass, um Blutdruck auf etwa 110 mm Hg zu halten	Bei Vergiftungen den Dextranpräparaten vorzuziehen, da es den Harnfluß fördert. Keine peripheren Kreislaufmittel!
Hexamethylentetramin (Urotropin, Pulver, 20%ig, Amp. 10 ml)	Phosgen	20 ml i.v., 3 g oral	Nur sinnvoll, falls *sofort*, also im symptomfreien Anfangsstadium gegeben
Kaliumjodid (1%ige Lösung: 5 g auf 5 l Wasser)	Thallium	Frisch zubereitete Lösung zur Magenspülung verwenden, 300 ml im Magen belassen	Übelkeit, Erbrechen

Kaliumpermanganat (0,1%ig = 2 Kristalle in 1 l Wasser gelöst = burgunderrote Lösung)	Alkaloide, Blausäure, Glykole	Frisch zubereitete 0,05 bis 0,1%ige Lösung zur Magenspülung, 50 ml belassen	Ungelöste Kristalle ätzen! Farbe: blaustichiges Weinrot
Kohle (Compr. Carbo medicinalis [Merck], 250, 1000 Stück zu 0,25 g) (Adsorbens)	Alle oralen Intoxikationen (s. S. 12)	30 Kompretten oral 50 Kompretten zerstoßen und in Wasser aufgeschwemmt nach der Magenspülung instillieren	Untoxisch Obstipation (gleichzeitige Gabe von Paraffinöl möglich) Adsorption nur vorübergehend (etwa 24 Std.) Zugleich Laxantiengabe nötig!
L-Argininhydrochlorid (1 molare Lösung [Salvia], Amp. 20 ml)	Alkalose, saure Diurese bei Alkaloiden, Amphetaminen	Als Zusatz zur Infusionslösung	Blutgase kontrollieren, Urin-pH unter 7
Levallorphan (Lorfan® [Roche], Amp. 5 mg/5 ml)	Morphiate (Atemdepression)	1 bis 2 mg i.v., Säuglinge und Kinder $^{1}/_{5}$ bis $^{1}/_{10}$ der Dosis Nach 20 bis 30 min Wiederholung möglich Evtl. Dauertropfinfusion (5 Amp. in 500 ml Lävuloselösung)	Atemdepression, Atemstillstand, Schock Atemdepression anderer Genese wird erheblich verstärkt Überdosierung bei Morphinisten: Entzugssymptome

Medikament	Indikation	Dosierung	Bemerkungen (Nebenwirkungen)
Lutrol 9® (BASF) Polyäthylenglykol	Giftentfernung von der Haut	Mit benetztem Lappen betroffene Partien abreiben, mit Wasser und Seife nachspülen	Nicht auf Schleimhäute bringen! Lösungsmittel für nicht oder schlecht wasserlösliche Stoffe
Natriumbicarbonat (8,4%ige Lösung = 1 mval $NaHCO_3$ in 1 ml [Salvia], Amp. 20 ml, Flasche 250 ml)	Acidose, Methanol, Barbitursäure, Aldehyde, Chlorate, Salicylsäure	Entsprechend Blutgaswerten ml (Defizit molares $NaHCO_3$) = negativer Basenüberschuß × 0,3 × kg KG oder: 6 ml (= mval) × 0,3 × kg KG: erhöht pH um 0,1	Bei Überalkalisierung Atemdepression Urin-pH soll bei forcierter Diurese (Barbiturat-, Salicylatvergiftung) bei 8 liegen
Natriumsulfat (Laxans)	Alle oralen Intoxikationen (s. S. 12)	30 g in Wasser gelöst, Kinder 15 g	Bei Kindern Exsikkose möglich
Natriumthiosulfat (S-hydril® [Laves], Amp. 10%/10 ml)	Cyanid, Metalle Nitrite, Jod (oral)	Cyanid: 100 ml i.v. Metalle, Nitrite: mehrmals täglich 10 ml i.v. (0,5 ml/kg i.v.) Jod: Magenspülung mit 1%iger Lösung	Keine Nebenwirkungen außer Nausea

Neostigmin			
(Prostigmin®, [Roche], Amp. 0,5 mg/1 ml)	Atropin, Flaxedil®, Curare	0,5 bis 1,5 mg = 1 bis 3 Amp. i.m. oder i.v. (Kinder $^1/_4$ bis $^1/_2$ der Dosis)	Verstärkung der Barbituratwirkung
N-N-dimethyl-p-aminophenol-HCl			
(noch nicht im Handel, erhältlich bei Dr. Weger, Pharmakolog. Inst., Univ. München, Amp. 200 mg/2 ml)	Cyanid, Blausäure, Schwefelwasserstoff	Bei Verdacht *sofort* 200 mg i.m. oder besser i.v.	Kein Blutdruckabfall, anschließend Natriumthiosulfat, Azidosetherapie, Plasmaersatzpräparat
Obidoximchlorid			
(Toxogonin® [Merck], Amp. 250 mg/1 ml)	Alkylphosphate (E 605), nicht bei Carbamaten	1 Amp. i.v., 2malige Wiederholung im Abstand von je 2 Std. Kinder: 4 bis 8 mg/kg KG	Nur falls *vorher Atropin* (2 bis 10 mg i.v.) gegeben wurde! Weiterhin hohe Atropingaben; 12 Std. nach Intoxikationsbeginn ist Toxogonin® kontraindiziert
Paraffinöl			
(Adsorbens)	Lipoidlösliche Stoffe	200 ml, evtl. über Magenschlauch Kinder: 3 ml/kg KG	Gemeinsam mit Natriumsulfat (evtl. auch mit Kohle) geben (s. S. 12)

Medikament	Indikation	Dosierung	Bemerkungen (Nebenwirkungen)
D-Penicillamin (Metalcaptase® [Heyl], Kaps. 0,15 g, Tabl. 0,3 g, Injektionsflasche 1 g; Trolovol® [Bayer], Tabl. 0,3 g)	Blei, Gold, Kobalt, Kupfer, Quecksilber, Zink	3mal 300 mg per os 10 Tage lang parenteral: 1 g Säugl. $^{1}/_{6}$ und Kinder $^{1}/_{3}$ der Dosis	Magenschmerzen, Fieber, Exantheme, Nierenschädigung, Agranulozytose, Thrombozytopenie, Polyneuritis, Hypoglykämie Substitution von Vitamin B_6 nötig (Benadon® 100-300 mg)
Schlangengift-Serum (Behring, Amp. 10 ml)	Bißverletzung durch Giftschlangen	Europäische Schlangen: 20 ml i.m. Afrikanische, vorderasiatische Schlangen: 20 ml i.v. Kobra, Mamba: 40 ml i.v. Mittel-, südamerikanische Schlangen: 40 ml i.v., in schweren Fällen 60 ml und mehr i.v.	Anaphylaktischer Schock (Pferdeserum!)
Serumcholinesterase (Behring, Trockenamp. enthält eine Aktivität, die der 500 ml frischen Humanplasmas entspricht)	Succinylcholin, Cholinesterasehemmer (Alkylphosphate, E 605)	1 bis 7 Amp. i.v., jederzeit Wiederholung möglich	Indiziert, falls trotz Atropin- und Toxogonin®-Gabe bei E-605-Vergiftung bedrohliche Verschlechterung eintritt Anaphylaktischer Schock (Fremdeiweiß)

Sirup ipecacuanhae (Emetikum für Kinder)	(s. S. 10)	Bis 18. Lebensmonat 10 ml, ältere Kinder 15 ml trinken lassen	Blutdruckabfall Vorher 150 ml Himbeersaft trinken lassen Bei Nichterbrechen muß nach 30 min Magenspülung folgen
Silikone (Sab® simplex [Parke-Davis], Kautabl. 40 mg, Tropfen) Silikonentschäumer	Waschmittel	3 bis 6 Tabletten oder 2 bis 3 ml Tropfen (20 Tropfen = 0,6 ml)	
Suxamethonium (Succinyl-Asta®, 1%: 1 ml = 10 mg, 2%: 1 ml = 20 mg usw.)	Strychnin, Glottiskrampf	50 bis 100 mg je nach KG, später 2,5 mg/min im i.v. Dauertropf	Anschließend sofortige Intubation und künstliche Beatmung
Toluidinblau (4%ige sterile Lösung)	Methämoglobinbildner	2 mg/kg KG, z. B. 10 ml i.v. bis zur Aufhebung der Zyanose, Wiederholung möglich nach etwa 3 Stunden	Acidosetherapie, evtl. Beatmung Nicht bei Säuglingen

Gasvergiftung

Telefonische Anweisung für den Laien:

1. Vergifteten sofort an die frische Luft bringen, entkleiden. (Selbstschutz! In Gruben anseilen; geschlossene Räume nur mit Sauerstoffatemgerät betreten; kein offenes Licht!)
2. Vergifteten in stabile Seitenlage bringen, zudecken; absolute Ruhigstellung. Keine Flüssigkeitszufuhr.
3. Bei Bedarf künstlich beatmen, möglichst mit reinem Sauerstoff (Ambu-Beutel), im Notfall Mund-zu-Mund oder Mund-zu-Nase mit Ausnahme bei Alkylphosphaten – E 605 –, Chlor, Phosgen, Säuren (Selbstschutz).
4. Jeden Vergiftungsverdacht ärztlich untersuchen lassen.
   Bei Verdacht auf eine Vergiftung mit Kohlenmonoxid, Chlor, Nitrose Gase und Phosgen sofortiger, liegender, äußerst schonender Transport ins nächste Krankenhaus, auch bei Fehlen jeglicher Symptome.

Therapieschema einer Reizgasvergiftung

A. Prophylaxe eines Lungenödems	1. Frühestmöglich Dexamethason-Spray (Auxiloson®) 5 Hübe alle 10 Minuten; Cortison (Urbason®, Solu-Decortin®) 250 mg i.v., stündlich nachspritzen (je 100 mg), später mit Cortison ausschleichen; 2. Calciumgluconat 10 ml 20%iger Lösung i.v. (Calcium-Sandoz®); 3. sedieren (Atosil®, Dolantin® S); 4. Hustenbekämpfung (Paracodin®, Dicodid®).
B. Therapie eines toxischen Lungenödems (zusätzlich zu A)	1. Überdruckbeatmung mit O_2, Absaugen; 2. Diurese steigern, 2 Ampullen Furosemid i.v. (Lasix®); 3. Aderlaß. blutig oder unblutig (Oberkörper hochlagern); 4. Inhalation von Schaumentspannern (Sab® Liqu.) als Aerosol; 5. $^1/_4$ mg Strophanthin i.v. (Kombetin®). 6. Tachostyptan® 2 Ampullen i.v.
C. Zusätzliche allgemeine Maßnahmen	1. Frischluftzufuhr; 2. Digitalisierung; 3. Antibiotikum; 4. Acidosetherapie (THAM oder Bicarbonat); 5. Elektrolytausgleich (Kalium), sonst möglichst keine Infusion.

Noxe	Symptome	Therapie
Kohlenmonoxid		
Farb- und geruchloses Gas, leichter als Luft, explosiv. In Stadtgas (bis zu 30%), Auspuffgasen, in Industrie und Bergbau, kann auch bei Verbrennung von CO-freiem Erdgas entstehen, bei Bränden. Resorption und Ausscheidung erfolgen über die Lunge. CO verdrängt O_2 am Hb (300fache Affinität). DL: 1000 bis 2000 ppm in $^1/_2$ Std., 3000 bis 5000 ppm in wenigen Minuten. Anoxische Organschäden. Dräger CO-Atem 2/a.	Abhängig vom Alter, Konstitution, Hb. 10 bis 20% CO-Hb: Kopfschmerzen, Übelkeit, Abgeschlagenheit. 30% CO-Hb: Schwindel, Mattigkeit, Willenlosigkeit. 40 bis 50% CO-Hb: Rausch, Unruhe, Tobsuchtsanfälle, Exitus (entweder sofort oder erst nach Wochen oder Monaten durch Organhypoxie). Hellrotes Gesicht.	*Ersttherapie:* Freihalten der Atemwege, möglichst schnell O_2-Beatmung (noch am Unfallort), schnelle Überweisung ins Reanimationszentrum. *Klinik:* Mechanische Überdruckbeatmung nach Sedierung und Intubation. In schweren Fällen: Hyperbare Oxygenierung (3 ATA, 2mal 2 Std./die), Acidosebehandlung (THAM), Osmotherapie (Lasix®, Mannit) des hypoxischen Gehirnödems, evtl. Blutaustauschtransfusionen, Hämodialyse bei Anurie, lange klinische Kontrolle (Spätschäden!). Nicht körperlich belasten!
Kohlendioxid		
Säuerlich riechendes Gas, schwerer als Luft. Vorkommen: Getreide-, Futtersilo, Weinkellerei, bei chemischer Entfernung von Kesselstein, bei Bränden und Explosionen, in Abortgruben (mit Ammoniak und Schwefelwasserstoff). Ab 4 bis 6% Gefahr. Ab 12% tödlich.	Kopfschmerzen, Ohrensausen, Schwindel, Herzklopfen, Tachykardie, Dyspnoe, weite Pupillen, Cheyne-Stokes-Atmung, motorische Unruhe. Ab 8%: Bewußtlosigkeit, epileptiforme Krämpfe, Zyanose, Atemstillstand. Bläuliches Gesicht.	*Ersttherapie:* Frischluft, evtl. Valium®. *Klinik:* O_2-Beatmung (evtl. nach Intubation), Trispuffer oder Natriumbicarbonat entsprechend Blutgasanalyse.

Noxe	Symptome	Therapie
Rauchgase		
Enthalten 1% CO. Hauptrolle spielt CO_2, dazu je nach Art des verbrannten Stoffs nach Aldehyde, Ketone, Pyridin, Furfurol, Ameisensäure, Nitrose Gase, Dicyan und Blausäure bei Filmbränden.	Wie CO-Intoxikation. Lokale Reizwirkung auf die Schleimhäute bis zum Glottisödem, toxischen Lungenödem, später Pneumonie.	*Ersttherapie:* Frischluft, Ruhigstellung, O_2-Gabe. *Klinik:* Intermittierende Überdruckbeatmung, Acidosetherapie, Osmotherapie, Cortison, Digitalis.
Ammoniak		
NH_3, NH_4OH, Salmiak. Dräger Ammoniak 5/a.	Schleimhautverätzung, Glottiskrampf- und ödem, Kollaps, Krämpfe, Lungenödem. Korneatrübung.	Künstliche Beatmung, Kreislauf- und Schocktherapie, Ruhe, Cortison (200 mg).
Benzin, Benzol		
(Toluol, Xylol) DL: 10 bis 30 mg. Dräger Benzol 0,05.	Schleimhautreizung, Rausch, Kopfschmerz, Schwindel, Gesichtsröte, Zyanose, Dyspnoe, Krämpfe, Koma, Atemlähmung, Pneumonie.	Frischluft, evtl. Koffein. Künstliche Beatmung, Erbrechen vermeiden, Schocktherapie, Cortison, kein Adrenalin (erhöhte Flimmerbereitschaft), Pneumonieprophylaxe.
Blausäure		
HCN, Cyanwasserstoffsäure. Ungeziefervertilgungsmittel („Cal-	Typischer Bittermandelgeruch der Ausatmungsluft, Kratzen im Hals, Hy-	Frischluft, bei Zyanose O_2-Beatmung. *Sofort* 200 mg N-N-dimethyl-p-amino-

Noxe	Symptome	Therapie
Blausäure *(Fortsetzung)*		
cid", „Calcyan", „Cyclon"), wird frei beim Verbrennen von Trockenbrennstoff „Esbit" oder von Kunststoffen, farblose Flüssigkeit. DL: ab 0,7 mg/kg KG. Dräger Blausäure 2/a oder Benzidin-Kupferacetatpapier nach Schuchardt.	perpnoe, Angstgefühl, Speichelfluß, Erbrechen, Schwindel; oder: sofortige Bewußtlosigkeit mit oder ohne tonisch-klonische Krämpfe, anfangs rosa Hautfarbe, später Atemlähmung, Zyanose.	phenol-HCl i.v. (evtl. i.m.); anschließend 100 bis 150 ml 10%ige Natriumthiosulfatlösung i.v., zugleich Acidosetherapie (THAM, Natriumbicarbonat) und Plasmaexpandergabe.
Chlor		
Bleich- und Desinfektionsmittel. DL: ab 0,2 mg/l Luft.	Schleimhautreizung, heftigster Husten, Dyspnoe, Zyanose, toxisches Lungenödem, Herz-Kreislauf-Versagen, bei hoher Konzentration Glottiskrampf und reflektorischer Atem- oder Herzstillstand, Bronchopneumonie.	Kleider entfernen, Inhalation von 0,5%igem Natriumbicarbonat oder Natriumthiosulfat, Ruhe, Wärme, O_2, Cortison, Codein, Therapie des Lungenödems, Antibiotika.
Fluor		
Industrielles Oxydationsmittel. DL: 50 bis 100 ppm in 1 Std., 1200 ppm sofort.	Wie Chlor, dazu Tetanie, Krämpfe, Kammerflimmern.	Wie Chlor, Milch einflößen, *sofort* 1 bis 2 Amp. 10 bis 20%iges Calciumgluconat (Ca-Sandoz®) i.v., halbstündlich Wiederholung möglich, Therapie des Lungenödems.

		Wärme, O_2-Beatmung, Schocktherapie (Plasmaexpander), Xylocain® 50 mg i.v., bei Krämpfen Valium® i.v.
Narkotika		
Äther, Chloroform. (an Luft → Phosgen!)	Allergische Reaktion, Schock, Atemlähmung, typischer Atemgeruch. Bei Chloroform Kammerflimmern.	Künstliche Beatmung, Schocktherapie, Wärme, Xylocain® (50 mg i.v.).
Nitrose Gase		
NO_2, NO, N_2O_4, N_2O_3. Braunrotes Gemisch, schwerer als Luft. Bildung von Salpetersäure. Ebenso: **Aliphatische Nitroverbindungen – Lost** Stickstoff-, Schwefellost.	Schleimhautreizung, Kopfschmerzen, Nausea, evtl. Glottisödem. Nach einigen Stunden bis 2 Tagen Latenzzeit Dyspnoe, Zyanose, Lungenödem, Schock. Lokal wie bei Verbrennungen.	*Ersttherapie:* Frischluft, Wärme. *Klinik:* (liegender Transport): Absolute Ruhe (2 Tage), auf Thrombozytose achten (toxisches Lungenödem), Natriumthiosulfat i.v., Cortison, Calcium gluconicum (20 ml 20%), Überdruckbeatmung, Pneumonieprophylaxe. Lokal Badional-Gel.
Phosgen		
$COCl_2$ (Grünkreuz). Farbloses Gas. DL: 0,05 mg/l Luft. Geruch nach faulem Heu. Zerfällt in den Alveolen in HCl und CO_2.	Nach symptomenlosem Intervall: Dyspnoe, Zyanose, toxisches Lungenödem, hämorrhagische Pneumonie, Herzversagen.	Vollkommene Ruhe und Wärme (von Anfang an)! O_2 (keine Beatmung). Codein, Cortison (wiederholt), sofort Urotropin® (20 ml 20%ig i.v.), Bicarbonat, Digitalis, Atropin, Sab-liquidum Aerosol.

Noxe	Symptome	Therapie
Rauchgase		
(s. S. 29)		
Schwefelkohlenstoff		
CS_2 Farblose Flüssigkeit, leicht entzündlich. DL: über 5 mg/l Luft. Riecht nach faulen Rettichen.	Schleimhautreizung, Rötung des Gesichts, Erregungszustand, Sehstörungen, Narkose, Atemlähmung.	Frische Luft, künstliche Beatmung, Acidosetherapie.
Schwefelwasserstoff		
H_2S Farbloses Gas, in Kloaken. DL: 0,5 mg/l Luft. Riecht nach faulen Eiern. Hemmt Atmungsfermente (innere Erstickung). Dräger Schwefelwasserstoff 1/c.	Schleimhautreizung, Kopfschmerzen, Schwindel, Durchfälle, Dyspnoe, Lungenödem, Tachykardie, Krämpfe, Lähmungen, Koma, Atemlähmung.	Frischluft, *künstliche Beatmung,* Ruhigstellung, Cortison, Lasix®, Antibiotikum. Sofort N-N-dimethyl-p-aminophenol, anschließend Natriumthiosulfat (siehe Blausäure).

Trichloräthylen

$CHClCCl_2$, „Tri". Farblos, nicht brennbar; Feuerlöschmittel. Zersetzt sich in HCl und Phosgen. Dräger Trichloräthan 50/b.	Schleimhautreizung, Schwindel, Erbrechen, Rausch, Benommenheit, Erregung, Herzbeschwerden, Narkose, Atemlähmung.	Frischluft, Klinikeinweisung! Künstliche Beatmung, Schocktherapie (Plasmaexpander), Infusionen (Nierenversagen!), Dialyse, Cortison, Digitalis. Kein Adrenalin! Antibiotikum.

Schlafmittelvergiftung (Therapieschema)

Siehe auch Tafeln „Rausch- und Suchtmittel“

Hausarzt: Atmung und Kreislauf stabilisieren; Atropininjektion (1 mg i.m.).

Klinik:

Somnolente (mit erhaltenem Würgereflex)

- Wahrscheinlich ungefährliche Dosis → Kurze Zeit nach Tabletteneinnahme → Erbrechen: Salzwasser, Apomorphin, Sirup ipecacuanhae (bei Kindern)
- Potenzierung mit Alkohol → Verdacht auf gefährliche Dosis → Mangelnde Kooperation → Spülung mit Magenschlauch (∅ 18 mm, in Bauchlage, Kopf tief)

Tobende

- → Nasoösophageale Magensonde

Bewußtlose (bei aufgehobenem Hustenreflex)

1. Intubation, evtl. mechanische Beatmung.
2. Anlegen eines Kavakatheters; zentralen Venendruck bei Herzgesunden mit Gelatinelösungen auf 12 bis 15 cm H_2O-Säule halten.
3. Evtl. 500 ml 4%iges Natriumbicarbonat (bei Zyanose, im Schock), sonst 500 ml 1,4%iges Natriumbicarbonat.
4. Mannitprobe: 50 ml einer 20%igen Mannitlösung innerhalb von 15 Minuten infundieren. Bei Diureseanstieg um mindestens 40 ml in der nächsten Stunde kann eine normale Nierenfunktion angenommen und daher eine forcierte Diurese eingeleitet werden; andernfalls prüfen, ob eine Exsikkose vorliegt (Hämoglobin, Hämatokrit, Elektrolyte), falls nicht, versuchen, ob die Niere mit hohen Dosen Lasix® (500 mg) wieder in Gang kommt.
5. Magenspülung mit dünnem Schlauch, evtl. nasoösophageal.

Kohle- und Natriumsulfatinstillation

Ausschlafen lassen ← Verlauf abwarten

Alkalisierende Infusionen, bei Bedarf Plasmaexpander

(Bei *Glutethimid* keine Alkalisierung. Vorsicht bei forcierter Diurese, Neigung zu Lungenödem.)

Pflegerische Maßnahmen: Blasenkatheter, stabile Seitenlagerung bei Nichtintubierten, häufiges Umlagern (Dekubitusprophylaxe), Darmeinläufe, Bronchial-, Augen- und Mundtoilette.

Internistische Untersuchung.

Nachbehandlung: Fachpsychiatrisches Gespräch; soziale Nachbetreuung.

6. Forcierte alkalisierende Lasix®-Diurese:
   1000 ml 5%ige Sorbitlösung (oder evtl. 5%ige Lävuloselösung) mit 1 Ampulle Lasix® (20 mg Furosemid) und 20 mval Kaliumchlorid und 20 mval Natriumbicarbonat bzw. Natriumchlorid[1]).
   zweistündlich mindestens 1000 ml (= 160 Tropfen pro Minute) – entsprechend der stündlich produzierten Urinmenge;
   bei manifester Herzinsuffizienz vorher Digitalisierung und etwa die halbe Infusionsmenge;
   weitere Elektrolyt- und Bicarbonatsubstitution je nach Laborwerten (Urinelektrolyte, Blutgase), Urin pH soll bei etwa 8 liegen.
7. Notfallaborbestimmungen (2- bis 4mal/die).
8. Peritoneal- oder besser Hämodialyse in besonders ernsten Fällen.
9. Antibiotikagabe.
10. Monitorüberwachung (Ekg).
11. Wiederholung der Magenspülung in 6stündlichem Turnus (besonders bei Glutethimid, Methaqualon), anschließend nochmalige Kohle- und Natriumsulfatinstillation.

[1]) Salvia, Boehringer – Mannheim (20 ml = 20 mval).

Alkoholvergiftung

Allgemeine Therapie

1. Ausreichende Atmung: stabile Seitenlage bei Bewußtlosen, Güdel-Tubus, Sauerstoffgabe, Beatmung mit Ambu-Beutel.
2. Schockprophylaxe: Wärme, Flüssigkeitszufuhr (warmer Tee).
3. An andere Noxen denken: Unfall, Krampfleiden, Stoffwechselentgleisung (Diabetes mellitus).

Noxe	Symptome	Therapie
Äthylalkohol		
C_2H_5OH, Weingeist, Branntwein, Spiritus dilutus 70% (Brennspiritus siehe Methylalkohol), Rauschgift. (Bier 2 bis 5%, Wein 6 bis 12%, Schnaps 30 bis 60%). Physiologischer Blutgehalt 0,02 bis 0,03‰. Barbiturate, Benzodiazepine, Phenothiazine und Opiate verstärken Alkoholwirkung; Disulfiram, Tolbutamid,	30 bis 40 ml (0,5 bis 1‰): Euphorie. 40 bis 60 ml (1 bis 2‰): Gangstörungen 60 bis 150 ml (2 bis 3‰): sinnlose Trunkenheit. 175 bis 300 ml (4 bis 5‰): Lebensgefahr Allgemeines Wärmegefühl, Enthemmung, Überheblichkeit, Rötung der Konjunktiven, typischer Atemgeruch, meist erhaltene Augenreflexe bei er-	Siehe allgemeine Therapie. Erbrechen nur bei voll Bewußtseinsklaren. Tobende: 10 mg Apomorphin und 200 mg Akrinor® in Mischspritze i.m., Brechvorgang mit Antidot Lorfan® (1 mg i.v.) beenden. Keine Sedativa, kein Distraneurin®! In schweren Fällen: Plasmaexpander (Haemaccel®), O_2-Beatmung, Bicar-

Phenylbutazon u.a. verzögern Alkoholabbau.
Dräger Alkohol 100/a.
DL: 6 ml/kg KG.

loschenen Sehnenreflexen, Exzitation, Krämpfe, Koma, Hypothermie (Erfrierung), Schock, Atemstillstand.

bonat, Fructose- oder Lävuloseinfusionen, Hypo- bzw. Hyperthermietherapie, Hämodialyse.
Bei Kindern auf evtl. tödliche Hypoglykämie achten!
Alkoholentzugsdelir: Distraneurin®-Infusionen (Atemstillstand! Intensivstation).

Methylalkohol

CH_3OH, Holzgeist.
Lösungsmittel für Farben, Abbeizmittel, Lederbearbeitungsmittel, Ersatzbrennstoff. Farblos, brennbar, riecht wie Äthylalkohol. Brennspiritus = Äthylalkohol mit 20% Methylalkohol, vergällt mit Aldehyden, Allylalkohol, Aceton, Methylacetat, Phthalsäureester u.a.
Toxizität abhängig vom Füllungszustand des Magens, vermindert durch vorherige Äthylalkoholeinnahme.
Erblindung nach 4 bis 15 ml.
DL: 5 bis 200 ml.

Häufig erst nach einer Latenz bis zu 24 Std. Schwindel, Schwächegefühl, Kopfschmerzen, Nausea, Erbrechen, Leibschmerzen, Nebelsehen, Erblindung, Dyspnoe, Blutdruckabfall, Erregungszustände, Krämpfe, Koma.
Hirn- und Lungenödem.
Starke lokale Reizwirkung auf die Schleimhäute.

Hausarzt: Bei Verdacht sofort erbrechen lassen, dann Äthylalkohol trinken lassen (etwa 150 ml Schnaps), Ruhe, Wärme, Schockprophylaxe, Dunkelheit.
Klinik: Magenspülung mit 4%iger Natriumbicarbonatlösung, Carbo medicinalis (nicht Tierkohle!) instillieren, Äthylalkohol einflößen bzw. infundieren, z.B. Analgofusin® (Pfrimmer), anfangs 300 ml in 20 min, dann 60 Tropfen/min; Blutalkoholspiegel 2 bis 5 Tage auf mindestens 0,5‰ halten (Hemmung der Methanoloxydation und somit Produktion der Ameisensäure).
Hohe Trispuffer-(Bicarbonat)-gaben über 2 bis 5 Tage (Blutgase! Urin-pH

Noxe	Symptome	Therapie
Methylalkohol *(Fortsetzung)*		soll bei 7,8 liegen) (Erhöhung des Dissoziationsgrades der Ameisensäure). Folsan® 10 mg/kg KG/die i.v., O_2-Beatmung, keine zentralen Analeptika (Krämpfe!), Infusionstherapie, Elektrolytsubstitution (cave: Lungen-, Hirnödem), evtl. Lasix®, Hämodialyse, Ruhe, Wärme, Lichtschutz für die Augen.
Amylalkohol		
$C_5H_{11}OH$, Pentanol. Lösungsmittel, „Fuselöl“. Unangenehmer Geruch, wesentlich giftiger als Äthylalkohol.	Wie Äthylalkohol, Kopfschmerzen, Schwindel.	Wie Äthylalkohol.
Allylalkohol		
C_3H_5OH, Propenol-3. Lösungsmittel, Schädlingsbekämpfungsmittel, Antiseptikum, Bestandteil des Holzgeists. Sehr giftig, perkutan letal, riecht wie Senföl.	Lokale Reizwirkung, Gastroenteritis, Dyspnoe, Tremor, Krämpfe, Koma, Lungenödem, Kreislaufkollaps.	Wie Äthylalkohol. Lasix®, Cortison.

Propylalkohol		
C_3H_7OH, Propanol.	Wie Äthylalkohol. Lichtempfindlichkeit.	Wie Äthylalkohol.
Isopropylalkohol, Butylalkohol		
C_4H_9OH, Butanol. Desinfektionsmittel, Lösungsmittel. Riechen wie Äthylalkohol, doppelt so giftig wie Äthylalkohol.	Wie Äthylalkohol.	Wie Äthylalkohol.
Thioalkohole, Mercaptane		
(Methyl-, Äthyl-, Propyl-, Butylthioalkohol). Flüssig, in minimaler Konzentration sehr unangenehmer Geruch, daher fast nie inhalatorische Vergiftung.	Lokale Reizwirkung, Erbrechen, Benommenheit, Krämpfe, Koma, Schock, Atemlähmung, Lungenödem.	O_2Gabe, künstliche Beatmung, Schocktherapie (Plasmaexpander), Lungenödemprophylaxe (Cortison, Lasix®), Sedierung, Antibiotika.

Rausch- und Suchtmittel

Notfalltherapie

1. **Zyanose:** beatmen (Mund-zu-Mund, Ambu-Beutel, Sauerstoff).
   Bei stecknadelkopfgroßen Pupillen (Verdacht auf eine Morphiatintoxikation): Levallorfan (*Lorfan®*) 0,5 bis 2 mg = 0,5 bis 2 ml i.v.; falls sich Atmung schlagartig bessert, Wiederholung in 15- bis 30minutigem Abstand möglich; verstärkt Atemdepression bei Nichtmorphiaten; bei Morphinisten Entzugserscheinungen bei Überdosierung.
2. **Herztätigkeit:** regulieren.
   Asystolie: externe Herzmassage;
   Tachykardie: β-Rezeptorenblocker (1 Ampulle Visken® i.v.);
   Hypertonie: Catapresan® (1/2 bis 1 Ampulle verdünnt, langsam i.v.), Dehydrobenzperidol® (5 bis 12,5 mg i.v.), Isoptin® (1 Ampulle i.v.);
   Ventrikuläre Extrasystolie: Xylocain® (100 mg i.v., dann 1 g im Dauertropf);
   Supraventrikuläre Extrasystolie: Isoptin® (1 Ampulle = 5 mg i.v.);
   Schocktherapie: Plasmaersatzpräparate (selten nötig).
3. **Krämpfe:** Valium® (1 Ampulle i.v.).
4. **Ausschluß anderer schwerer Erkrankungen** (z. B. Coma diabeticum, Schädel-Hirn-Trauma).
5. **Giftelimination:** *Erbrechen* auslösen nach oraler Intoxikation (Pflanzenteile). Kohlekompretten (30 Stück). Paraffinöl (300 ml) oral.
6. Beruhigend reden. Bei **Erregungszuständen:** Aponal® (50 mg oral oder 2 Ampullen mit 1 Ampulle Kinetin® i.m.). Möglichst keine i.v. Spritzen (Spritzensucht!).
7. **Klinikeinweisung** zur weiteren Überwachung; Patienten nie allein lassen, sich nicht auf „drogenerfahrene" Laien verlassen.

Noxe	Symptome	Therapie
Aconitin und Veratrumalkaloide Echter, gelber und bunter Eisenhut, Rittersporn, Rosmarinheide, weiße Nießwurz, schwarzer Germer, Mistel, Eichenmistel. DL: 1 bis 2 g.	Parästhesien, Gelb-Grün-Sehen, Schwindel, Ohrensausen, Übelkeit, Erbrechen, Diarrhoen, Koliken, stark schmerzhafte Krämpfe, Lähmungen, Hypothermie, Herzrhythmusstörungen, Schock, Atemlähmung, Kammerflimmern. Psychisch: Euphorie, Halluzinationen.	*Sofort* erbrechen lassen, Magenspülung mit Kaliumpermanganatlösung, Kohle- und Natriumsulfatinstillation, künstliche Beatmung (nach Kurarisierung und Intubation), Xylocain®, Plasmaexpander, sedieren, forcierte Diurese.
Adrenalinabkömmlinge Sympathikomimetika mit schwacher psychostimulierender Wirkung. Antihypotonika (z. B. Novadral®), Geriatrika (z. B. Symfona®), Schnupfenmittel (z. B. Privin®), Ephedrin (Asthmamittel, Appetitzügler). Oral, i.v., geraucht, geschnupft. Schnelle Resorption, langsame Elimination; zentrale Erregung schwächer als bei Amphetaminen; Lebensgefahr bei gleichzeitiger Einwirkung von Halogenwasserstoffen, Zyklopropan, Hydergin® oder Chlorpromazin.	Übelkeit, Erbrechen, Tremor, Tachykardie, Palpitationen, Hypertonie, Mydriasis, Dyspnoe, Zyanose, Hyperglykämie, Anurie, Hypotonie, Krämpfe, Kammerflimmern, Lungenödem, Herzversagen. Psychisch: Leistungssteigerung, Erregungszustände, Halluzinationen, Psychose.	*Hausarzt:* Erbrechen auslösen, Horizontallagerung, beatmen, bei Krämpfen Valium®, Schocktherapie, evtl. Xylocain®. *Klinik:* Magenspülung, Plasmaexpandergabe, evtl. Herzmassage (Monitor!), künstliche Beatmung, Lungenödemtherapie (Lasix® i.v., Digitalis), Bicarbonatsubstitution, Wiedereröffnen der Peripherie mit α-Rezeptorenblockern (Dehydrobenzperidol®) und zugleich Gabe von Plasmaexpandern (zentraler Venendruck darf nicht unter 3 und nicht über 12 cm H_2O steigen).

Noxe	Symptome	Therapie
Alkohol		
Äthylalkohol Oral, Jugendliche selten i.v.	*Akute Intoxikation:* siehe S. 36 „Alkoholvergiftung": Rausch, Atemlähmung. *Lokal* nach i.v.-Applikation: Thrombophlebitis, Venenverödung. *Entzug:* Appetitlosigkeit, Schlaflosigkeit, motorische Unruhe, Tachykardie, Tremor, generalisierte Krampfanfälle, Tobsucht, Koma, Herzversagen.	*Hausarzt:* Künstliche Beatmung, Schockprophylaxe. Entzugsbehandlung: Distraneurin® (Clomethiazol) (zweistündlich 1 Tablette = 500 mg). *Klinik:* Distraneurin®-Dauertropfinfusion bis zur Aufrechterhaltung eines oberflächlichen Schlafzustands (Atemlähmung, Intensivstation!), Digitalisierung, Flüssigkeitszufuhr mit Elektrolyten (bei Hyperthermie bis 6 l pro Tag), Plasmaexpander; Fortsetzung der oralen Therapie mit Aponal® (s. S. 65).
Amanita muscaria		
Fliegenpilz, ebenso Pantherpilz. Roh gegessen, Trinken des Wassers, in dem die Pilze eingeweicht waren. DL: 50 mg. Wirkung tritt in $^1/_2$ bis 2 Std. ein.	*1 bis 4 Pilze* (5 bis 10 mg): Übelkeit, Schwindel, Stupor, Mydriasis, evtl. Euphorie, optische Halluzinationen, verändertes Raum- und Zeitgefühl. *5 bis 10 Pilze* (10 bis 15 mg): Ataxie, muskuläre Zuckungen, Verwirrtheit, Erregungszustände, Tiefschlaf. *Über 10 Pilze:* Miosis, Brechdurchfall,	Sofort Magenspülung, Kohleinstillation, Schockprophylaxe (Plasmaexpander), elektrolythaltige Infusionen (Kaliumverlust bei Durchfällen!), forcierte Diurese. *Krämpfe:* Valium® i.v. *Miosis:* Versuch mit Atropin (siehe S. 82).

tetanische Krämpfe, Schweißausbruch, Hypotonie, Bradykardie, Anurie, Lungenödem, Kreislaufversagen.

Amphetamine

AN1®, Avicol®, Cafilon®, Captagon®, Eventin®, Katovit, Metrotonin®, Mirapront®, Netto longcaps, Pervitin®, Preludin®, Reactivan®, Regenon®, Ritalin®, Rosimon-Neu® (sehr toxisch, DL: 40 Tabl.!), Tenuate®, TMA2, TMA3 (halluzinogen), Ton-O_2®, Tradon®, Vit-O_2.

Oral, i.m. oder i.v. (flash).

ED: 3 bis 9 mg, schnelle Toleranzentwicklung, Tagesdosis bis 1000 mg.

Anfangs keine Euphorie, rasch psychische Abhängigkeit, häufig Polytoxikomanie (abends Sedativa); Kreislaufanaleptika, Appetitzügler, Dopingmittel.

Antagonist: α-methyl-tyrosin (3 bis 4 g/die i.v.).

Mydriasis, Tachykardie, Hypertonie (mit Gefahr einer Hirnblutung), Hyperthermie, Brechreiz, extrem trockener Mund, motorische Unruhe, Tremor, Palpitationen, Kopfschmerzen, Nystagmus, Kreislaufzusammenbruch, Atemlähmung.

Psychisch: Anfangs gesteigerte Konzentrations- und Assoziationsfähigkeit, vermehrte Aktivität, Logorrhoe, Silbenstolpern, Bewegungsstereotypien (Ulkus an Lippe und Zunge), gesteigerter Sexualtrieb, Aggressivität, Ideenflucht, verminderte Kritikfähigkeit, optische und akustische Halluzinationen.

Rosimon-Neu®: Trance, Atemdepression, Zyanose, Krämpfe, Herzrhythmusstörungen (totaler AV-Block, Kammerflimmern).

Chronischer Gebrauch: Gewichtsverlust, nekrotisierende Angiitis, Hyper-

Hausarzt: Sedieren mit Megaphen® (50 bis 100 mg oral oder i.m.) oder Aponal® forte (50 mg oral) oder Valium® (20 bis 30 mg oral) oder Truxal® (50 mg oral oder i.m.) oder Haloperidol® (5 mg oral oder i.m.), beatmen, Schocktherapie. Hypertonie: Isoptin®, Dehydrobenzperidol® oder Catapresan®. Bei Krämpfen Valium®. Erbrechen auslösen (nach mehr als 2 Std. sinnlos).

Klinik: Magenspülung, Kohle-Natriumsulfatgabe, forcierte saure Diurese (1- bis 2mal täglich 1,5 g Ammoniumchlorid oder l-Argininhydrochlorid in die Infusion, Urin-pH soll bei 5 liegen).

Rosimon-Neu®: Bedrohliche Symptomatik setzt erst nach etwa 2 Std. ein, daher sofortige Therapie nötig! Magenspülung (ohne Zeitgrenze), Dehydrobenzperidol® (5 mg = 2 ml i.v.,

Noxe	Symptome	Therapie
Amphetamine *(Fortsetzung)*	tension, Nierenschädigung, Neuropathie, Lungenödem. *Entzug:* Erschöpfung, Depression bzw. Psychose (hält so lange an, wie Amphetamin im Plasma ist).	halbstündlich wiederholen) oder Valium®, beatmen, *Ekg*, Xylocain® oder Alupent® bei Bedarf in die Infusion, rechtzeitig intrakardialen Herzschrittmacher legen, Acidosetherapie. Psychischer Entzug: s. S. 67.
Analeptika (zentrale)		
Amphetamine, Coffein, Lobelin, Strychnin (siehe jeweils dort); Atemanaleptika, wie Eukraton®, Cardiazol®, Coramin®, Kampfer (schnüffeln, DL: ab 2 bis 3 g), Micoren®, Vandid®; procainhaltige Geriatrika; Buchsbaum, Kokkelskörner (DL: ab 20 mg), Wasserschierling; Novocain® (DL: 30 mg/kg KG s.c., i.v. höher, oral harmlos); Krampfgifte.	Lokale Reizerscheinungen, starke Erregung, Halluzinationen, Manie, Delirium, Krämpfe, Koma, Hypertonie, Tachykardie, Arrhythmie, Palpitationen (Picrotoxin: Bradykardie), Hypotonie, Schock, Tachypnoe, Zyanose, Atemlähmung, Lungenödem, Mydriasis (Picrotoxin: Miosis), Hyperthermie, Anurie.	Beatmen, Magenspülung mit Kaliumpermanganatlösung erst nach Intubation, Kurarisierung rechtzeitig, Tracheotomie, Narkose (bei Picrotoxin mehrere Tage lang, sonst einige Stunden), in leichteren Fällen genügt Evipan® oder Valium® i.v., forcierte Diurese, physikalische Fiebersenkung.
Anilin		
Aminobenzol Kugelschreibermine, Haarfarben,	Euphorie, Kopfschmerzen, Erbrechen, Dyspnoe, Zyanose, Bradykar-	Frischluft, bei Zyanose sofort Toluidinblau (10 mg/kg KG, z.B. 20 ml der

Schuhcreme, Stempel, Lösungsmittel, Photoentwickler. DL: ab 5 ml. Xylocain®, Anilit (Sprengstoff), Aminophenol (Farbstoffe, Photoentwickler). Schnüffeln, oral, perkutan. Methämoglobinbildner; Kinder sehr empfindlich. Nachweis: Dräger Gasspürgerät.	die, Hypotonie, Krämpfe, Allergie, Hämaturie, Leberschädigung.	4%igen Lösung i.v.) (evtl. auch Thionin oder Methylenblau), Haut mit Lutrol oder 2%igem Speiseessig (kein Alkohol oder Milch!) waschen, bei Krämpfen Valium®, Infusionen mit 5%iger Lävuloselösung.
Analgetika		
Azetanilid, Paracetamol, Phenacetin (Thomapyrin®, stark euphorisierend). DL: ab 5 g.	Euphorie, Schwindel, Ohrensausen, Augenflimmern, Übelkeit, Zyanose, Blutdruckabfall, Tachykardie, Nierenversagen. *Chronischer Mißbrauch:* Niereninsuffizienz, Methämoglobinämie.	Sofortige Giftelimination durch Erbrechen, später durch Magenspülung, Kohlegabe, kein Natriumsulfat (!), Dulcolax® als Laxans, Plasmaersatzpräparat, sofort forcierte Diurese mit halbstündlicher Bilanzierung, Dialyse, bei Zyanose Toluidinblau (siehe oben).

Antihistaminika

z.B. Tavegil®, Fenistil®; Avil® und Synpen® sind toxisch, Omeril® ist erregend; Antiemetika, wie Bonamine®, Vomex A®; Kombination mit Sedativum (Mandrax®) oder mit Amphetamin (Plimasin®).	Müdigkeit. Bei Überdosierung: Erregungszustände, Halluzinationen, Schwindel, Übelkeit, Brechdurchfall, Husten, Mundtrockenheit, Fieber, Mydriasis, Akkomodationsstörungen, Gelbsehen, Miktionsstörungen,	Giftelimination durch Magenspülung, Kohle- und Natriumsulfatinstillation, Schocktherapie, bei Krämpfen Valium®, künstliche Beatmung (Intubation nach Muskelrelaxantiengabe), Blasenkatheter!

Noxe	Symptome	Therapie
Antihistaminika *(Fortsetzung)*		
Synergismus mit Alkohol, Parasympathikolytika und Phenothiazinen. DL: ab 2 g.	Tachykardie, Stenokardien, Koordinationsstörungen, Krämpfe, Dyspnoe, Zyanose, Atemlähmung, Herz-Kreislauf-Versagen.	
Antiparkinsonmittel		
z. B. Akineton®, Artane®, Larodopa®, Tremarit®, Mephenamin®. Von Jugendlichen wegen der halluzinogenen und relaxierenden Wirkung als Suchtmittel mißbraucht; oral, i.v.	Wie Atropin (Halluzinationen, Krämpfe, Blasenatonie).	Wie Atropin. Bei Sucht sofortiges Absetzen, weitere Therapie wie Amphetaminsucht.
Atropin		
Homatropin, l-Hyoszyamin, Methanthelin, Profenamin, Skopolamin, Trihexyphenidyl (Artane® u.a.); Nachtschattengewächse: Alraune, Bilsenkraut (Asthmazigaretten), Stechapfel (Samen sieht aus wie Kümmel!), Solanin (grüne Tomate und grüne Kartoffel), Tollkirsche, Belladonnaextrakte.	Mydriasis, Akkommodationsstörungen, Mundtrockenheit, Schluckbeschwerden, Blasenlähmung, Erbrechen, Tachykardie, Herzrhythmusstörungen, Hypertonie, gerötete, trockene Haut, Hyperthermie, Euphorie, Erregungszustände, Halluzinationen, Bewußtlosigkeit, Krämpfe, Cheyne-Sto-	Beatmen, sofort erbrechen lassen bzw. Magenspülung mit burgunderroter Kaliumpermanganatlösung, Aktivkohle- und Natriumsulfatgabe, bei Tachykardie Visken® (1 Amp. i.v.), bei Hypertonie Sedaraupin® (1 Amp. zu 0,25 mg i.m., kurzfristige Wiederholung möglich), Schocktherapie (Plas-

Geraucht, gekaut (Samen), Teezubereitung, i.m., i.v.; Asthmamittel, Aphrodisiakum (Hexensalben). Acetylcholinhemmung; hohe Toxizität bei Einträufeln ins Auge (Kinder!).	kes-Atmung, Atemstillstand, Schock, Anurie, Lungenödem.	maexpander), künstliche Beatmung (Curare, Intubation), Acidosetherapie, bei Erregungszuständen Aponal® (50 mg) oder Valium® (20 mg) oral oder i.v., Augenspülung, Antidot Prostigmin® oder Mestinon® (initial 2 bis 5 Amp. i.v., dann mehrmals 1 Amp. i.m.), Temperatursenkung (Eisbeutel), Blasenkatheter, Elektrolytkontrolle.
Barbiturate (Schlafmittel) Psychische Abhängigkeit bei kurzwirkenden größer als bei langwirkenden, ebenso bei sedierenden Psychopharmaka, Clomethiazol, Pyrazolonen und Salizylsäure, (siehe jeweils dort) und barbitursäurefreien Schlafmitteln. Oral, Suppositorien, i.v., i.m., mit Tabak geraucht (Jugendliche). Bei chronischem Gebrauch Toleranz der sedierenden Komponente, es wirkt nur noch die stimulierende Komponente; plötzlicher Entzug nach chronischem Gebrauch einer größeren Dosis ist schwerer als ein Opiatentzug und kann ohne massive Therapie tödlich verlaufen.	Koma, Atemlähmung, Schock, Hypothermie, Anisokorie. *Entzug:* Verwaschene Sprache, Reizbarkeit, Jähzorn, Antriebslosigkeit, Unruhe, Angst, Gangstörungen, positiver Rhomberg, grobschlägiger Tremor, Lidflattern, Nystagmus, Diplopie, Akkommodationsstörungen, Strabismus, Schwindel, Ataxie, Dysmetrie, positiver Babinski, Schweißneigung, verminderte Hautreflexe, Bewußtlosigkeit, Herz-Kreislauf-Versagen. *Chronischer Gebrauch:* Reizbarkeit, Intelligenzverminderung, Konzentrationsminderung, Emotionslabilität, Amnesie, Dysarthrie, Depressionen, Suizidalität, Halluzinationen, Schlaflosigkeit, Verwahrlosung.	*Intoxikation:* siehe Seite 34 „Schlafmittelvergiftung (Therapieschema)". *Entzug:* *Hausarzt:* Mißbrauchtes Medikament in geringerer Dosierung weitergeben (ausschleichen), kein Valium®, sofortige Klinikeinweisung. *Klinik:* Entzugsbehandlung s. S. 67 „Rausch- und Suchtmittel-Entgiftung" oder mit Distraneurin®-Infusionen (s. Alkohol), bei Krämpfen Valium®; keine Sedativa mehr, falls schon ein Delirium besteht (nur noch symptomatische Therapie), Schockprophylaxe, Infusionstherapie, Digitalisierung, ständige Kontrolle (Monitor).

Noxe	Symptome	Therapie
Bufotenin		
Dimethylserotonin, Fliegenpilz, Cohaba, Krötensekret. i.v., geschnupft, gekaut. ED: 20 mg.	Mydriasis, Brechreiz, Schwindel, Erregung, optische Halluzinationen, Trance, Furchtlosigkeit, Anästhesie.	Sedieren mit Aponal®, sonst symptomatisch.
Bulbokapnin		
Alkaloid, Knollen des hohlen Lerchensporns. DL: 0,2 g/kg KG.	Giftelimination, künstliche Beatmung, sedieren (Aponal®, Megaphen®), bei Krämpfen Valium®.	Euphorie, Halluzinationen (wie LSD), Katalepsie, Katatonie, tonisch-klonische Krämpfe, Atemlähmung.
Cannabis		
Delta-8 und Delta-9-Tetrahydrocannabiol, Cannabinvarin. Lipoidlöslich; weibliche Pflanze des indischen Hanfs. Haschisch: Asien, Afrika; Marihuana: Amerika; je nach Anbaugebiet erhebliche Unterschiede im Wirkstoffgehalt (3 bis 35%); starke Sorten nährten Irrglauben an beigemengtes Opium; Beeinflussung des Serotonin-Noradrenalin-Stoff-	Tachykardie, Konjunktivitis, evtl. Mydriasis, Uvulaödem, Hungergefühl, Hypothermie, Brennen im Hals, Reizhusten, Tränenfluß, Kopfschmerzen, Hypotonie, Analgesie, Katalepsie, Brechreiz, Koordinationsstörungen, Atemdepression, Schock. Psychisch: Inhaltsloses Glücksempfinden, Gefühl des Schwebens, Logorrhoe, Bewegungslust, träge Reaktion,	*Hausarzt:* Ruhe, beruhigendes Zureden, beaufsichtigen, meist *keine* medikamentöse Therapie nötig, keine intravenösen Injektionen!! (Bahnung einer Spritzensucht), bei hochgradiger Erregung Megaphen® (50 mg oral oder als Supp.) oder Aponal® (50 mg oral oder i.m.), nur falls nichts anderes vorhanden Valium® (10 bis 20 mg oral oder i.m.), nach oraler Überdosierung

wechsels; gleichzeitig Erregung des limbischen Kortex und Verlangsamung zentralnervöser Vorgänge.
Geraucht oder gegessen (geraucht dreimal wirksamer als oral).
ED: 5 bis 15 mg; Wirkdauer 1 bis 4 Stunden; Wirkungseintritt innerhalb einiger Minuten; Halbwertzeit 56 Stunden (User 26 Stunden), Ausscheidung über Stuhl und Urin nach mindestens acht Tagen noch nachweisbar. Toleranzsteigerung; Wirkung abhängig von psychischer Ausgangslage und Umweltbedingungen; psychotoxische Reaktionen können 1 bis 7 Tage anhalten; Potenzierung von Barbituraten; meist Polytoxikomanie.

Lachsalven, Tränenausbrüche, innere Unruhe, Angst, Einengung der Wahrnehmungsfähigkeit auf ein Detail, verändertes Raum- und Zeitgefühl, Entfremdungsgefühle, Abnahme der Kritikfähigkeit, paranoid-halluzinatorisches Syndrom, bei hoher Dosierung (0,5 bis 1 g) Verlust der Selbstbeherrschung (Auto- oder Fremdaggression), Rausch, kein Kater, volle Erinnerung an alle Vorgänge während des Rausches.
Chronischer Gebrauch: Bronchitis, (eitrige) Entzündungen im Mund-Rachen-Bereich, Leberschaden, kolikartige Oberbauchbeschwerden, migränoide Kopfschmerzen, Herzrhythmusstörungen, Sensibilitätsstörungen.

erbrechen lassen, Atemwege freihalten, evtl. Atemspende, warmhalten.
Klinik: Evtl. Magenspülung, Kohle- und Natriumsulfatinstillation, Plasmaersatzpräparate, beatmen, Begleiterkrankungen ausschließen.
Spätrausch (ohne Drogeneinnahme) möglich!

Cocain

Alkaloid, Blätter des Cocastrauchs; setzt Noradrenalin aus Vesikeln frei und hemmt Rücktransport in die Zelle (Amphetaminwirkung); weißes Pulver („Schnee"); ursprünglich gekaut und geschnupft, bei uns werden die Nasentropfen gefixt, häufig in Verbindung mit Heroin („speed ball"),

Tachykardie, Mydriasis, Exophthalmus, Blässe, verstärkte Peristaltik, Hyperthermie, Lähmung der sensiblen und motorischen Nerven, Koordinationsstörungen, epileptiforme Krämpfe, Hypertonie, Atemlähmung, Schock, Herzversagen.
Anaphylaktischer Schock.

Hausarzt: Bei Erregungszuständen Aponal® (50 mg i.m.) oder Valium® (20 mg i.m.), beatmen, Schockprophylaxe, Giftelimination nach oraler Aufnahme, Klinikeinweisung!
Klinik: Magenspülung mit Kaliumpermanganatlösung, Aktivkohle, Natriumsulfat; künstliche Beatmung, bei

Noxe	Symptome	Therapie
Cocain *(Fortsetzung)*		
„frisco speed ball" ist obige Mischung plus LSD. Beim Fixen sehr rasch psychische Abhängigkeit. ED: 0,1 bis 10 g; Wirkdauer 15 bis 60 Minuten.	Psychisch: Erregung, Unruhe, Bewegungsdrang, Überheblichkeit, Logorrhoe, Aggression, Angst; nach etwa einer Stunde: Kater, Depression, Suizidalität, optische Halluzinationen (Tierchen), unterdrücktes Hungergefühl. *Entzug:* Delirium mit Angst, Schlaflosigkeit, Tachykardie, Dyspnoe, Apathie.	Krämpfen Valium® oder Kurarisierung, absaugen, evtl. Herzmassage, Acidosetherapie, Therapie eines anaphyslaktischen Schocks (siehe S. 9).
Clomethiazol		
Distraneurin®, Sedativum bei Drogenentzugsdelir (Alkohol), Status epilepticus und Erregungszuständen (bei Zerebralsklerose). Schnelle Ausscheidung (70% in 3 Std.) über den Harn (80%) und den Stuhl (20%). Sucht!!	Atemlähmung (Infusion!), Übelkeit, Erbrechen, optische und akustische Halluzinationen, Euphorie, Hypnose, Aufhebung des Kornealreflexes, Hypotonie, Hypothermie. *Entzug:* Wie Barbiturate.	Künstliche Beatmung! Wie Barbituratintoxikation. Orale Therapie nie länger als 10 bis 14 Tage, für jugendliche Fixer nicht geeignet (s. S. 65).
Cyclotrimethylentrinitramin		
RDX, Cyclonite. Plastiksprengstoff, Rattengift. Oral DL: über 30 g.	Rausch, Halluzinationen, epileptiforme Krämpfe, Anurie, Nierenschädigung, graubraune Zyanose (Methämoglobinämie), wochenlange Gedächtnislücken.	Giftelimination, bei Krämpfen Valium®, Toluidinblau (10 bis 20 ml 4%ig i.v.), forcierte Diurese.

Cystin Alkaloid, Goldregen, Färberginster, Deutscher Ginster, Stechginster. DL: 3 bis 4 Früchte, 15 bis 20 Samen, die Wurzel.	Wie Nicotin.	Wie Nicotin. (*Sofort* erbrechen lassen.)
DOM/STP 2,5-Dimethoxy-4-methylamphetamin, substituiertes Meskalin. Wesentlich toxischer als Meskalin oder LSD. ED: 2 bis 5 mg; Wirkdauer bis 72 Std.!	Übelkeit, Magenkoliken, Krämpfe, extrapyramidale Symptome, Ataxie, Atemlähmung, Schock. Psychisch: toxische Psychose mit Desorientiertheit, Angst, Halluzinationen.	Wie LSD. Wiederholte Gabe von Aponal® oder Valium®; wegen der langen Überwachungsdauer stationär einweisen. Chlorpromazin (Megaphen®) potenziert die Wirkung!!
Inebriantia (Schnüffelstoffe) Aceton, Benzine, Butylacetat, Dichlormethan, Fluor-Chlorkohlenwasserstoffe, Isopropylalkohol, Kampfer, Perchloräthylen, Tetrachlorkohlenstoff, Trichloräthylen, Toluol, Xylol, Anilinderivate (siehe dort), Nitrobenzol (siehe dort). Nachweis: Dräger Gasspürgerät.	Euphorie, Erregung, Erbrechen, Diarrhoe, Reizung der Atemwege, Gleichgewichtsstörungen, optische Halluzinationen, Stupor, Rausch, Psychose, Bewußtlosigkeit, Erstickungstod, Leberkoma, Anämie, Hämaturie, Proteinurie, Pyurie. *Entzug*: Mehrtägiges Delirium (wie beim Alkohol).	Frischluft, O_2-Beatmung, bei Erregungszuständen Valium®, evtl. β-Rezeptorenblocker (Visken®), Bicarbonatsubstitution, gezielte Therapie des betreffenden Gifts, Haut mit Lutrol spülen. *Entzug*: Distraneurin®-Infusionen (Intensivüberwachung wie beim Alkohol), Therapie des Leberausfallkomas.

Noxe	Symptome	Therapie
KAT		
l-Ephedrin und Alkaloide, Amphetamin. Appetitzügler, Adstringens, antiinfektiös, Diuretikum. Kauen der Blätter, Tee, rauchen, essen.	Mydriasis, Magenkrämpfe, Obstipation, Gingivitis, Rausch. Psychisch: Euphorie, Appetitlosigkeit, Erregungszustände, vermindertes Kritikvermögen, Libidoverlust.	Wie Amphetamine.
KAWA		
Wurzel des Rauschpfeffers, Kavaform®, Alkaloid. Kauen, Absud trinken. Gering toxisch; Schleimhautanästhesie.	*50 mg:* Aktivitätssteigerung, vermindertes Schlafbedürfnis, Leistungssteigerung. *150* bis *200 mg:* Euphorie, friedliche, erotisch gefärbte Träumerei, Gesprächigkeit, Heißhunger. *Über 250 mg:* Stupor, Übelkeit, Erbrechen, Tremor, Konjunktivitis, tiefer Schlaf.	Wie Amphetamine.
LSD		
d-Lysergsäurediäthylamidtartrat, synthetisch. Tabletten, Kapseln, auf Fließpapier	Mydriasis, Tachykardie, Hypertonie, Hyperthermie, Kältegefühl, Zittern, Erbrechen, Schwindelanfälle, Gefäß-	*Hausarzt:* Beruhigend reden, in gewohnter Umgebung lassen, keine Uniformen, keine laute Musik. 50 mg

oder Zuckerwürfel geträufelt, selten i.v. ED: 0,05 bis 0,6 mg, toxische Wirkung ab 3 mg zu erwarten, 20 mg wurden ohne Therapie überstanden; Wirkdauer etwa 7 Std.; Wirkungseintritt nach 20 Minuten. Kreuztoleranz zwischen LSD, Psilocybin, Meskalin und anderen Halluzinogenen mit Ausnahme von Haschisch. Blockiert postsynaptische Serotoninrezeptoren. Rauscherleben abhängig von psychischer Ausgangslage und Umweltbedingungen; anfangs keine Euphorie. Ebenso: DET-T9, DMA, DMT, DPT, Harmin (Lianen, Steppenraute), MDA, MMDA, Ololiuqui (mexikan. Trichterwinde), Psilocybin, Serenyl, THC, TMA, V111.	krämpfe (Verschluß der A. carotis!), Hyperglykämie, Hypotonie, Atemlähmung. *Nach 40 Minuten:* Verzerrung der Sinneswahrnehmung mit verlängerten Nachbildern, Geist und Körper fühlen sich getrennt, Halluzinationen, Synästhesien, Verlust des Zeit- und Raumgefühls, Affektaktivierung, Stimmungsschwankung, Suizidalität, Auslösung einer latenten Schizophrenie. *Horror-Trip:* Exazerbation einer latenten Angstreaktion.	Aponal® oder 10 bis 30 mg Valium® oral; keine i.v. Injektionen! (Spritzensucht). *Im Notfall:* 2 Amp. Aponal® mit 1 Amp. Kinetin® in Mischspritze i.m., Megaphen® (bestes Gegenmittel) nicht, da meist nicht gesichert ist, daß es sich um LSD handelt (Potenzierung von DOM!). Beatmen, Schockprophylaxe. Spätrausch (ohne Drogeneinnahme möglich.
Lobelin		
Alkaloid, Atemanaleptikum. Toxische Dosis parenteral ab 10 mg, oral harmloser.	Wie Nicotin, rasch abklingend.	Wie Nicotin.

Noxe	Symptome	Therapie
Meskalin		
3,4,5-Trimethoxyphenyl-β-aminoäthan; Kaktus, synthetisch. Sympathikomimetikum, vermindert Proteinsynthese in den Ribosomen. Oral oder i.m. ED: 0,05 bis 1,5 g; Rauschdauer 2 bis 5 Std.; keine Sucht.	Bei vollem Magen zuerst Erbrechen, Mydriasis, Hyperreflexie, Tremor, Schock, Atemlähmung. Psychische Wirkung wie LSD (Rauschzustand mit intensiven plastischen und farbigen Visionen, Horror, Depressionen).	Bei Erbrechen Paspertin®. Wie LSD.
Morphiate		
Opium, Mohn, enthält 10% Morphin, 1% Codein und 28 andere Alkaloide, die zum Teil synergistisch und antagonistisch zu Morphin wirken. Geraucht, gegessen, gefixt. DL: 2 bis 3 g. *Morphin*, Morphinbase. DL: ab 0,1 bis 0,4 g oral, parenteral toxischer. *Codein*, enthalten in vielen Hustensäften und Analgetika. DL: 0,5 g.	Bei erhaltenen Sinneswahrnehmungen Einschränkung der geistigen Leistungsfähigkeit, reaktive Euphorie, Sedierung, Analgesie, Miosis (Atropin antagoniert nur therapeutische Dosen), Bradykardie, verlangsamte Atmung (2 bis 4 Atemzüge pro Minute), Zyanose, Atemlähmung, tonisch-klonische Krämpfe, Pylorus- und Blasensphinkterspasmus, Darmatonie, Übelkeit, Erbrechen, Dämpfung des Hustenzentrums, Wassereinlagerung (ADH-Überfunktion), Lun-	*Hausarzt:* Bei Zyanose *sofort* Gabe von *Lorfan*® (0,5 bis 2 mg = ml i.v., Wiederholung in 10- bis 20minutigen Abständen) bis zur Behebung der Ateminsuffizienz oder der Möglichkeit einer *künstlichen Beatmung*, Schockprophylaxe, erbrechen lassen, Gabe von Kaliumpermanganatlösung, von Kohle und Natriumsulfat. *Klinik:* Bei Zyanose Intubation und maschinelle Beatmung (über Stunden bis Tage), evtl. Magenspülung mit

Synthetische Phenantrenderivate: Dilaudid®, Dolantin®, Cliradon®, Eukodal®, Palfium®, Polamidon® u. a.

Apomorphin, Emetikum.
Diacetylmorphin *(Heroin),* sechsmal wirksamer als Morphin, lipoidlöslich, passiert daher die Blut-Liquor-Schranke sehr schnell, bei intravenöser Gabe häufig plötzlicher Atemstillstand, stark euphorisierend, schnelle Suchtentstehung (4 Injektionen).
DL: 50 bis 75 mg.

Morphiatantagonisten:

Lorfan®
ED: 0,5 bis 2 mg i.v., bei Überdosierung morphinähnliche Wirkung, Atemlähmung; toxische Dosis ab 5 mg.

Lethidrone®
ED: 10 bis 20 mg, toxische Dosis ab 50 mg, Wirkung wie Lorfan®.
Verschiedene Dosierungen beachten!

Schnelle Resorption, beim Rauchen (Opium) auch über die Lunge, Entgiftung in der Leber, schnelle Ausscheidung über die Nieren (60 bis 90%),

genödem, Hirnödem (Kopfschmerzen, Somnolenz, motorische und psychische Unruhe, Desorientiertheit, Pyramidenzeichen, Meningitis), Anaphylaxie, Hypothermie, Hautblässe, im Finalstadium Mydriasis.

Pethidin: Mydriasis, Hyperthermie.

Apomorphin: Unaufhörliches Erbrechen, Mydriasis, Bradykardie, Hypotonie, Schock, Cheyne-Stokes-Atmung, Krämpfe, Koma.

Lorfan®: Erregung, Halluzinationen, Desorientiertheit, Angst, Schwindel, Miosis, Krämpfe, Koma, Atemlähmung, Entzugserscheinungen bei Süchtigen.

obigen Zusätzen, evtl. Herzmassage, bei Kammerarrhythmien Xylocain® (i.v. 100 mg), bei Krämpfen Valium® i.v., forcierte Diurese, Elektrolytkontrolle, Therapie eines anaphylaktischen Hirnödems (2 Amp. Lasix® i.v. und 40 mg Dexamethason i.v.).
Therapie eines Morphiatentzugs siehe S. 65.

Noxe	Symptome	Therapie
Morphiate *(Fortsetzung)*		
die Lunge (Abatmung) und den Darm (Sezernierung über enterohepatischen Kreislauf); initiale Vagusreizung, Potenzierung durch Alkohol (Lipoidlöslichkeit) und Barbiturate; keine qualitativen, nur quantitative Unterschiede in der Wirkung der verschiedenen Morphiate; schnelle Toleranzentwicklung; bei Morphiatsüchtigen keine Gabe von Pentazocin (Fortral®), da sonst keine Entzugserscheinungen auftreten (Antagonist!).		
Myristicin		
Muskatnuß, ähnelt chemisch dem Meskalin. Mit Tabak vermischt geraucht, Pulver in Wasser aufgeschwemmt getrunken. ED: 5 bis 30 g; DL: 2 Nüsse (Kind); Wirkdauer 10 bis 30 Minuten.	Übelkeit, Magenschmerzen, starke Kopfschmerzen, Mundtrockenheit, Tachykardie, Tremor, Katatonie, Atemlähmung. Psychisch: Haschischähnliche halluzinogene Wirkung, verstärkte Sinnesempfindungen, Gefühl des Schwebens, Angst.	Beatmung, Giftelimination nach oraler Aufnahme, zur Sedierung Aponal®.

Nicotin

Solanazee, Alkaloid, eine Zigarette enthält 12 mg, eine Zigarre 90 mg, Intoxikation durch Essen von Zigaretten (evtl. vermischt mit Haschisch) oder Trinken des Absuds.
DL: 50 mg (= 1 ml des 5%igen Schädlingsbekämpfungsmittels).
Rasche Resorption über Lunge und Haut, langsamere über den Magen.

Erbrechen, Schwindel, Gesichtsblässe, Kopfschmerzen, Übelkeit, Koliken, Diarrhoe, Schweißausbrüche, Miosis oder Mydriasis, Sehstörungen, Erregungszustände, Halluzinationen, Tremor, Ataxie, Muskelschwäche, tonisch-klonische Krämpfe, Bradykardie, dann Tachykardie mit Herzrhythmusstörungen, Hypertonie, dann Hypotonie, Schock, Hyperglykämie, Atemlähmung.

Sofort Erbrechen oder Magenspülung mit Kaliumpermanganatlösung 0,1%ig (= 2 Kristalle frisch in 1 l Wasser lösen), Haut auch damit spülen, Kohle- und Natriumsulfatgabe, künstliche Beatmung, Plasmaexpander, sedieren, bei Krämpfen Xylocain®, Valium® i.v. oder Isoptin®, forcierte Diurese unter Ansäuerung, Elektrolytkontrolle.

Nitrat, Nitrit

Ammoniumnitrat, Ammoniumnitrit (Düngemittel), Kaliumnitrat, Natriumnitrat, Natriumnitrit (Koronardilatator, aufgekochter Spinat), Nitroprussidnatrium, Amylnitrit (Inhalationsampullen), Nitroglyzerin, Pentaerythrittetranitrat.
Koronardilatatoren, Aphrodisiaka.
Methämoglobinbildner.
Schnelle Resorption und Elimination.

Schwindel, Kopfschmerzen, Erbrechen, anfangs Hautrötung, später Zyanose, Tachykardie, Hypotonie, Schock, Krämpfe, Bewußtlosigkeit, Erregungszustände, evtl. Erektion.

Horizontallagerung (Beine hoch), Plasmaersatzpräparate (Schnellinfusion), Toluidinblau 10 bis 20 ml der 4%igen Lösung i.v. (oder Methylenblau oder Thionin), Acidosetherapie, sedieren mit Aponal®, bei Krämpfen Valium® i.v.

Noxe	Symptome	Therapie
Nitrobenzol		
Lösungsmittel in der Farbenindustrie. Riecht nach Bittermandeln. Dinitrobenzol (Tritol) (sehr toxisch), 2,4-Dinitrochlorbenzol, Di-, Tri- oder Tetranitronaphthalin, Nitrochlorbenzol, 2-Nitrodiphenyl, Nitrophenole. Photoreagentien, Insektizide, Lösungsmittel. Schnüffeln, orale Aufnahme; Sucht. Potenzierung durch Alkohol. DL: über 1 ml. Rasche Resorption (Haut!), langsame Ausscheidung (Lunge, Nieren). Methämoglobinbildner.	Dyspnoe, starkes Erbrechen, Koliken, blutige Durchfälle. *Nach Latenzzeit* (Stunden bis Tage): Kopfschmerzen, Schwindel, Koordinationsstörungen, blaugraue Zyanose der Akren, Tachykardie, Hypotonie, Schock, Koma, epileptiforme Krämpfe, Hämaturie, Anurie, Anämie, Leberkoma, Erregungszustände, Halluzinationen.	Frischluft, O_2-Beatmung, Erbrechen, Paraffinöl, Haut spülen (Lutrol), bei Anzeichen einer Zyanose *sofort* Gabe von Toluidinblau (4%ig 20 ml i.v.) oder Methylenblau (1%ig 20 ml i.v. oder i.m.) oder Thionin (Katalysin[R] i.v. oder i.m.), dazu Ascorbinsäure (Cedoxon[R] 1000 mg i.v.), Wiederholung in halbstündigen Abständen (bzw. einmalig nach 3 Stunden bei Toluidinblau), Plasmaexpandergabe, Bicarbonatsubstitution, Lävuloseinfusionen, Elektrolytkontrolle (Anurie, Hyperkaliämie!), halbstündliche Urinbilanzierung, häufige Transaminasenkontrolle, Therapie eines Leberkomas.
Psychopharmaka		
Neuroleptika, Hypnotika, Tranquilizer (Meprobamat!), Thymoleptika; Psychoanaleptika (siehe Amphetamine). Rasche Resorption, sehr langsame	Trockenheit der Schleimhäute, Tachykardie, Mydriasis, Schwitzen, Müdigkeit, Agitiertheit, Verwirrtheitszustände, Harnverhalten, extrapyramidale motorische Störungen (Schief-	Schocktherapie (Horizontallagerung, Plasmaexpander), beatmen, *sofort* Erbrechen oder Magenspülung (möglichst nur nach Intubation wegen Hemmung des Brechzentrums, Aspi-

Elimination (Abbau, renale Ausscheidung), Verlauf wie Barbituratintoxikation, meist Gefahr durch kardiotoxische Wirkung, Potenzierung durch Alkohol, Opiate, Narkotika und andere Psychopharmaka. Kinder sind sehr empfindlich (niedrige Letaldosis); Sucht.	hals, Zungenschlundkrämpfe), Ataxie, Libidoverlust, Parkinsonismus, Stuhl- und Gallenretention, Hypotonie, Herzrhythmusstörungen, Ekg-Veränderungen, akute Herzinsuffizienz, Asystolie, tonisch-klonische Krämpfe, Hyperthermie, evtl. rascher Tod (Herzversagen), Allergie, Koma, Atemlähmung, Schock.	ration, (Glottis-)Krampfneigung), Natriumsulfat- und Kohlegabe, forcierte Diurese (siehe S. 34 „Schlafmittelvergiftung [Therapieschema]"), bei Krämpfen Valium® (10 mg i.v.), bei Parkinsonismus Akineton® (4 bis 10 mg i.v.), physikalische Therapie, Digitalisierung, Monitor, Infektionsprophylaxe, evtl. Dialyse, Defibrillator bereithalten, evtl. Pacemaker. Therapie einer Sucht: Absetzen des Medikaments, weiteres siehe Barbiturate.
Pyrazolone		
Aminophenazon (Pyramidon®, Baralgin®, Novalgin®). DL: ab 5 g oral. In vielen Mischpräparaten, wie Spalt-Tabletten®, Optalidon®, Phenazon, Phenylbutazon, Oxyphenbutazon. Rasche Resorption, renale Elimination (Aminophenazon rasch, Phenylbutazon sehr langsam, Kumulationsgefahr). Antabus®-Effekt mit Alkohol.	Erregungszustände, tonisch-klonische Krämpfe, Tremor, Brechdurchfall, Zyanose, Schock, Herz-Kreislauf-Versagen, Atemlähmung. *Phenylbutazon:* Lungenödem (Natrium- und Wasserretention), Hypertonie, Thrombozytopenie, Anämie.	Vorsicht bei Giftelimination wegen Krampfneigung, evtl. erst nach Kurarisierung und Intubation Kohle- und Natriumsulfatgabe, bei Krämpfen Valium®, künstliche Beatmung (keinesfalls Analeptika!), forcierte Diurese mit halbstündlicher Urinbilanzierung, Elektrolytkontrolle, bei drohendem Lungenödem Lasix® (wiederholt i.v.), Konakion®-Dauertropfinfusion bei hämorrhagischer Diathese, Antibiotikagabe, Kontrolle der Leberfunktion.

Noxe	Symptome	Therapie
Reserpin		
Alkaloid, Neuroleptikum, Antihypertonikum.	Miosis, Hautrötung, Fieber, Rhinitis, Diarrhoe, Bradykardie, verlangsamte und oberflächliche Atmung, Bronchospasmus, Hypotonie, Somnolenz, Parkinsonismus, tonisch-klonische Krämpfe, Halluzinationen, Depression, Sehstörungen, peptische Magenulzera, Natrium- und Wasserretention, Appetitsteigerung, Libidoverlust, Ejakulationsstörungen.	Gifteliminationdurch Magenschlauch (Erbrechen meist nicht möglich), sonst wie Barbituratintoxikation (Beatmung, Plasmaexpander), Benadryl[R] i.v. gegen EPMS-Symptomatik, Atropin gegen die Bradykardie, schleimhautabschwellende Nasentropfen (Privin[R]).
Salicylsäure		
(DL: 10 bis 40 g). Acetylsalicylsäure (DL: ab 10 g); Methylsalicylat (Wintergrün, DL: 2 bis 5 g!); Phenylsalicylat (Phenolvergiftung!); Salicylamid (geringer toxisch). Analgetikum, Antirheumatikum, Keratolyse. Schnüffeln. Schnelle orale und perkutane Resorption, schnelle renale Elimination.	Brechreiz, blutiges Erbrechen, Diarrhoe, Schwindel, Ohrensausen, Dyspnoe, Hyperventilation, Acidose, Schweißausbruch, Blutungen, Allergie, Nierenschaden, tetanische Krämpfe, Koma, Halluzinationen, Rausch, Verwirrtheitszustände, Kopfschmerzen, Herzrhythmusstörungen, Blutdruckabfall, Schleimhautblutungen, Bewußtlosigkeit, Schock.	Rasche Gifterelimination, Bicarbonat- oder Trispuffergabe, forcierte alkalisierende Diurese, bei Krämpfen Valium[R], Elektrolytkontrolle, Hämodialyse.

Secale

Dihydergot®, Hydergin®, Gynergen®, Cafergot®, Ergotren®, Methergin®, Deserilretard®, Mutterkorn. DL: 5 bis 10 g. Alkaloide, langsame enterale Resorption, langsame renale Elimination, vasokonstriktorische (direkte Muskelerregung) und vasodilatatorische (α-Rezeptorenblocker-)Wirkung.	Erregungszustände, Verwirrung, Halluzinationen (Deseril®), Angstzustände, Psychosen, Delirium, Kopfschmerzen, Schwindel, Erbrechen, Diarrhoe, Dyspnoe, Blutdruckanstieg, Augenflimmern, Gefäßspasmen, Thrombosen, Gangrän, Uteruskontraktur, Abort, Muskelschmerzen, Ataxie, Parästhesien, Miktionshemmung, tonisch-klonische Krämpfe, Schock (Beschwerden beim Wasserlassen und Atmen durch retroperitoneale, pleuropulmonale und Herzklappenfibrose nach chronischem Mißbrauch).	Sofortige Giftelimination (Spülung mit Kaliumpermanganatlösung), Valium® bei Krämpfen, Vorsicht bei Blutdrucksenkung (keine α-Rezeptorenblocker, Plasmaexpander bereithalten, $^1/_2$ Amp. Isoptin® i.v.), Spasmolytikagabe (Papaverin), Kontrolle der Körpertemperatur, Blasenkatheter.

Serotonin

5-Hydroxytryptamin. Bananenschalen, getrocknet und mit Tabak geraucht, innere Schale gekocht.	Euphorie, Kontraktion der glatten Muskulatur, Wärmegefühl, Wechsel zwischen Hypertonie und Hypotonie.	Deseril-retard®, sedieren mit Aponal® (50 mg oral), Plasmaexpander, keine MAO-Hemmer und kein Reserpin gegen die Hypertonie!

Strychnin

Brechnuß und andere Strychnosarten. Nagetiergift, Analeptikum, Roborans (Movellan®, Tonikum „Roche“). DL: 30 mg.	Starke Erregung, Halluzinationen, Euphorie, Angst, Ziehen in der Kiefer- und Nackenmuskulatur, Zittern, generalisierte tonische Krampfanfälle	*Hausarzt:* Erbrechen, Valium® oder Evipan® oder irgendein anderes starkes Sedativum (Barbiturat) i.v., beatmen.

Noxe	Symptome	Therapie
Strychnin *(Fortsetzung)*	mit Opisthotonus (Wirbelbrüche), gestreckten Extremitäten (Muskelrisse), Trismus, Risus sardonicus, Protrusio bulbi, Dyspnoe, Zyanose, Hypertonie, sehr schmerzhaft bei voll erhaltenem Bewußtsein, Krampfauslösung durch minimale sensorische Reize, Tod durch Erstickung oder im Herz-Kreislauf-Versagen (Erschöpfung).	*Klinik:* Kurarisierung, Intubation (Tracheotomie) und künstliche Beatmung über mehrere Tage (leichte Narkose), Magenspülung mit Kaliumpermanganatlösung, Kohleinstillation, später Ruhe (dunkles Zimmer), bei Fieber Eiswickel, forcierte Diurese, hochkalorische Infusionen (Traubenzucker); keine Phenothiazine, keine Analeptika!
Tilidin		
Valoron®. Analgetikum, zentral stimulierend, wird von Jugendlichen häufig i.v. gespritzt (gefixt); nicht zum Drogenentzug geeignet.	Schwindel, Übelkeit, Flush, Hypotonie, Schock, Krämpfe, Atemlähmung. Psychisch: Euphorie, Gefühl des Schwebens, Erregungszustände.	Horizontallagerung, sedieren mit Aponal® (50 mg oral oder i.m.), bei Krämpfen Valium®, beatmen, Schocktherapie, nach oraler Überdosierung Magenspülung nach Intubation (Krämpfe!) u. vorh. Kurarisierung.
Xanthin		
Coffein Von Jugendlichen werden Mokka, Tee, Coca-Cola sowie Stärkungs-	Schwindel, Erbrechen, Durchfall, Kopfschmerzen, Unruhe, Angst, Dyspnoe, Tachykardie, Arrhythmie, Pal-	Sedieren mit Aponal® (50 mg oral) oder mit Valium® (20 bis 30 mg oral, bei Krämpfen 10 mg i.v.) oder Kura-

mittel, wie Aktivanad®, gefixt, 50 bis 70 g Pulverkaffee gegessen. DL: 60 mg/kg KG i.v., oral ab 1 g. *Theophyllin* Antiasthmatikum, Diuretikum, Herz-Kreislaufmittel, Euphyllin®, Solosin®, Mischpräparate, wie Peripherin® und Cordalin®. *Theobromin* Rasche Resorption und renale Elimination.	pitationen, Hypertonie, Polyurie, Albuminurie, Hämaturie. *Bei höherer Dosierung:* Starke Erregung, Halluzinationen, Verwirrtheit, Photophobie, Muskelzittern, Koordinationsstörungen, epileptiforme Krämpfe, Lähmungen, Hyperthermie, Schock, Tachypnoe, Dyspnoe, Allergie, Herz-Kreislauf-Versagen, Atemlähmung.	risierung, Intubation und Beatmung, Plasmaexpandergabe, forcierte Diurese, Hämodialyse, Elektrolytkontrolle, Säure-Basen-Haushalt kontrollieren; nach oraler Überdosierung Erbrechen nur ganz zu Beginn auslösen, besser Magenspülung nach Intubation (Krämpfe), kein Adrenalin!
Yohimbin Alkaloid, z. B. in Puamin. Aphrodisiakum, sympathikolytisch (Genitalregion). ED: 0,03 g; DL: ab 1 g.	Erbrechen, Kopfschmerzen, Schwindel, Hypertonie, Tachykardie, Erregungszustände, Parästhesien, Koma, Schock, Zyanose, epileptiforme Krämpfe, Blasensphinkterspasmus.	Beatmen, Plasmaexpander, bei Krämpfen Valium®, Magenspülung mit Kaliumpermanganatzusatz, Natriumsulfat- und Kohleinstillation, katheterisieren!

Rausch- und Suchtmittel – Entgiftung

Diagnostik

Entzugserscheinungen bei Opiatabhängigkeit

Stadium des Entzugs	Symptome	Stunden nach der letzten Applikation		
		Heroin	Morphium	Methadon
0	Verlangen nach Drogen, Ängstlichkeit, Rastlosigkeit.	4	6	12
1	Gähnen, laufende Nase, Tränenfluß, Niesen, Schwitzen, Juckreiz.	8	14	34 bis 48
2	Zunahme der genannten Symptome, Mydriasis, Gänsehaut, Muskelzuckungen, heiße und kalte Schauer, Unruhe, Knochen- und Muskelschmerzen, Appetitlosigkeit	12	16	48 bis 72
3	Zunahme der genannten Symptomatik, Hypertonie, Hyperthermie, Tachykardie, Tachypnoe, Schlaflosigkeit, Übelkeit.	18 bis 24	24 bis 36	
4	Zunahme der genannten Symptomatik, fiebriges Aussehen, Muskelkrämpfe, Diarrhoe, Erbrechen, Schock, Hyperglykämie, spontane Ejakulation oder Orgasmus, evtl. Tod im Kreislaufversagen.	24 bis 36	36 bis 48	

Therapie

Hausarzt

Nie Opiate (Methadon = Polamidon®) *oder Amphetamine substituieren!*

Jugendlichen oder Kindern möglichst keine Analgetika oder Sedativa intravenös spritzen!

Im Notfall

1 Tablette Aponal® forte (50 mg) oral.
oder: 2 Ampullen Aponal® und 1 Ampulle Kinetin® in einer Mischspritze tief i.m.

Nebenwirkungen: Schläfrigkeit (erwünscht), Sehstörungen (sehr selten).

Keine ambulanten Entzugsversuche – Klinikeinweisung (Isolierung von gewohnter Umgebung, Suizidgefahr!)

Klinik eines Drogenentzugs (Alkohol, Amphetamine, Barbiturate, Opiate)

Dauer der Therapie

Etwa drei Wochen, anschließend Verlegung in eine spezielle Rehabilitationseinrichtung.

Medikamentöse Therapie

Theoretisch wäre ein Entzug ohne medikamentöse Therapie möglich, praktisch scheitert er jedoch an der Willensschwäche des Süchtigen. Es empfehlen sich daher folgende Wege:

1. Bei über fünfjährigem, ununterbrochenem parenteralem Morphiatmißbrauch oder bei schweren akuten Begleiterkrankungen:

Methadonkur: 0,125-0,5 mg Methadon (1-Polamidon®) oral sechsstündlich, jeden Tag 20% weniger.

2. Bei unter fünfjährigem Drogenmißbrauch

Psychopharmakur: 5mal 1 Tablette Aponal® forte (50 mg) = etwa sechsstündlich 1 Tablette, bei Bedarf kann jederzeit 1 Tablette nachgegeben werden, Maximaldosis 8 Tabletten in 24 Stunden; Einzeldosis 1 Tablette. Die Patienten reduzieren von sich aus die Dosis; im allgemeinen jedoch ab etwa viertem Tag Reduktion auf 1 Tablette abends, nach etwa acht Tagen absetzen.

Keine Schmerzmittel, wie Valoron® oder Fortral®, kein Distraneurin®, möglichst kein Valium® oder Schlafmittel (Gefahr des Umsteigens).

Begleitmaßnahmen

Verhaltenstherapie, autogenes Training, evtl. Hypnose, Beschäftigungstherapie, kohlenhydratreiche Nahrung, Sport (Gymnastik).

Amphetaminentzug

Paranoide Halluzinationen verschwinden meist mit der vollständigen Ausscheidung des Gifts über den Urin (bis 14 Tage nach Entzugsbeginn), die durch Zufuhr saurer Valenzen (Obstsäfte, saure Mineralwasser), erheblich beschleunigt werden kann.

Verlauf

Die Pupillenweite ist nicht ganz charakteristisch (Mydriasis durch Aponal®).

Ein objektivierbarer Parameter ist der glockenförmige Kurvenverlauf der Pulsfrequenz (80 bis 140 Schläge pro Minute).

Tägliche Injektionsstellenkontrolle; Urinkontrolle.

Toxikologischer Notfallkoffer (s. a. S. 68)

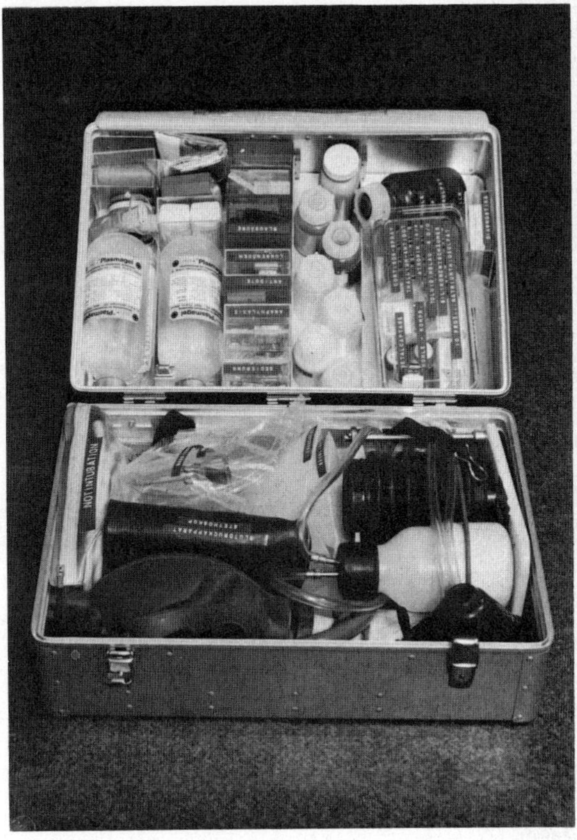

Vertrieb: W. Söhngen, 6204 Taunusstein-Wehen

Inhaltsverzeichnis des toxikologischen Notfallkoffers

(nach Dr. M. Daunderer)

Instrumententeil:

Beatmungsbeutel
Intubationsbesteck mit 2 Tubussen, Mundsperrer, Mundkeil
Fußabsaugpumpe mit Nasenschlauch
Magenschlauch mit Trichter je für Erwachsene und für Kinder
Nasoösophageale Sonde
Blutdruckapparat
Stethoskop
Blasenkatheter
Aluminiumfolie für Verätzungen.

Zwischendeckel:

Vergiftungsregister „Akute Intoxikationen"
Anhänger für Patienten, Notizstift.

Medikamententeil:

Plastikschachteln: Verbandpäckchen
Kanülen
Spritzen
Stauschlauch, Alkoholtupfer

Diagnostika: pH-Papier
Cholinesterasepapier

Antidote: Atropin
Calciumedetat Heyl
Cebion
DTPA Heyl
Sulfactin
Toxogonin

Blausäure: DMAP
S-hydril

Fluor: Calcium Sandoz

Analgetika: Baralgin
Fortral
Xylocain

Anaphylaxie: Calcium Sandoz
Kombetin 1/4
Solu-Decortin H 250 mg
Urbason 40 mg

Lungenödem: Alupent
Fortecortin 4 mg
Kombetin 1/4
Lasix
Micoren
Tachostyptan
Valium

Sedierung: Akineton
Aponal
Kinetin
Valium

Plastikflaschen: Asservat
Calciumglukonatpulver
Kaliumpermanganat
Lutrol
Natriumsulfat
Paraffinöl
Sirup Ipecacuanhae
Kohle und Natriumsulfat in Wasser gelöst

Atropin 1%
Antidotum Thalii Heyl
Auxiloson-Spray
Badional-Gel
Desferal
Lactulose
Metalcaptase
Neo-Plasmagel, Infusionsbesteck, Braunüle
Phosphalugel
Sab-simplex
Toluidinblau 4%
Guedel-Tuben, Leukosilk, Taschenlampe, Isolations-Rettungsdecke.

Vergiftungen mit Procainamid (Novocamid®, Pronestyl®) und Lidocain (Xylocain®)

Procainamid

Auslösende Faktoren	Suizidversuch, versehentliche Einnahme durch Kinder. Überschreitung der Maximaldosen von 0,6 g bei Infiltrationsanästhesien (Novocain®).
Hauptlokalisation der Schädigung	Zentralnervöse Funktionen, Kreislauf, Herz, evtl. Atemlähmung.
Grenzdosen	Oral: 6 bis 8 g. Bei Infiltrationsanästhesie: über 0,6 g. Bei Kindern niedriger!
Vergiftungseintritt	15 bis 30 Minuten nach Einnahme. Maximum der Intoxikationserscheinungen nach etwa 60 Minuten.
Symptome	Übelkeit, Erbrechen (selten), Depressionen, psychotische Zustände, evtl. mit Halluzinationen. Bei sehr hohen Dosen Bewußtlosigkeit, Atemdepression bis Atemlähmung. Hemmung der AV-Überleitung. Tachykarde Rhythmusstörungen (Salven von Extrasystolen, Kammertachykardie bis Kammerflattern oder -flimmern. Bei sehr hohen Dosen auch Kammerbradykardien bis zum Herzstillstand. Blutdruckabfall bis zum Kreislaufkollaps.
Ekg	Entsprechend den Rhythmusstörungen.

Procainamid *(Fortsetzung)*

Gegenmaßnahmen	Bei Pulslosigkeit und/bzw. Atemstillstand: Extrathorakale Herzmassage, wenn erforderlich Mund-zu-Mund-Beatmung. Krankenhauseinweisung (Magenausheberung meist wenig sinnvoll, da rasche Resorption), Sauerstoffbeatmung, forcierte Diurese, evtl. mit Kaliumsubstitution, bei Kammerflattern oder -flimmern Elektrokonversion. Bei Bradykardien mit Kontraktilitätseinbuße Alupent® als Infusion 5 γ/Minute in isotoner Infusionslösung. Bei Schock Plasmaexpandergabe.
Abklingen der bedrohlichen Symptome	Nach etwa fünf bis sieben Stunden.

Lidocain

Auslösende Faktoren	Soweit bisher bekannt: Eigenmächtige Änderung der Tropfgeschwindigkeit der Infusion seitens des Patienten.
Hauptlokalisation der Schädigung	Zentrales Nervensystem, Kreislauf, evtl. auch Herz.
Grenzdosen	Etwa über 150 bis 200 mg innerhalb 25 bis 30 Minuten oder kürzer.
Symptome	Depression, psychotische Zustände, evtl. mit Halluzinationen. Bei hohen Dosen: Bewußtlosigkeit, Atemdepression bis Atemlähmung.

	Blutdruckabfall mit hypoxischer metabolischer Acidose.
	Hemmung der AV-Überleitung und Tachyarrhythmien möglich.
Gegenmaßnahmen	Künstliche Beatmung, Plasmaersatzpräparate (Haemaccel®), Bicarbonatsubstitution, evtl. Aldactone®.
Abklingen der bedrohlichen Symptome	Je nach Dosis bis zu 24 Stunden.

Vergiftungen mit Ajmalin (Gilurytmal®) und N-propyl-Ajmalinbitartrat (Neo-Gilurytmal®)

Auslösende Faktoren
Versehentliche Einnahme durch Kinder, besonders kritisch bei Kleinkindern!
Suizidversuch von Erwachsenen.

Hauptlokalisation der Schädigung
Herz, Kreislauf, bei sehr hohen Dosen auch zentralnervöse Funktionen.

Grenzdosen

	Gilurytmal®	*Neo-Gilurytmal®*
Mittelschwere Intoxikation	16 bis 25 mg/kg KG	3 bis 5 mg/kg KG
Schwere, bedrohliche Intoxikation	ab 25 mg/kg KG	ab 5 mg/kg KG
Absolut lebensbedrohliche Intoxikation	ab 29 bis 30 mg/kg KG	ab 6 mg/kg KG

Bei Kleinkindern werden wegen des geringen Körpergewichts bedrohliche Intoxikationen bereits mit 5 bis 6 Dragees Gilurytmal® bzw. 5 bis 6 Tabletten Neo-Gilurytmal® erreicht!

Falls bei Erwachsenen die Einnahme zusammen mit Alkohol (Bier, Wein, Sekt) erfolgt, liegen die vorstehenden Grenzdosen um etwa 30% niedriger.

Vergiftungseintritt
20 bis 30 Minuten nach Einnahme.

Symptome
Bewußtseinstrübung, Unruhe, Tachyarrhythmie, Blutdruckabfall.
Bei sehr hohen Dosen auch Bewußtlosigkeit, sehr ausgeprägte Bradykardie, Pulslosigkeit, Abflachung und Verlangsamung der Atmung bis zum Atemstillstand.

Ekg	AV-Überleitungsstörung bis zum totalen Block, Tachyarrhythmien (Salven von polytopen Extrasystolen), Kammertachykardie bis zum Kammerflattern.
	Kammerbradykardie mit Verzweigungsblock bis zu extrem langsamen, unkoordinierten Kammeraktionen.
Gegenmaßnahmen	Umgehende Krankenhauseinweisung. Bei Unklarheit über eingenommene Dosis besser Fehleinweisung als verspätete Einweisung. Bei „Herzstillstand" während des Transports extrathorakale Herzmassage, evtl. Mund-zu-Mund-Beatmung.
	In der Phase der Tachyarrhythmie Natriumlaktat (einmolare Lösung) als Infusion oder sehr langsame intravenöse Injektion. Dauer der Zufuhr entsprechend dem Ekg-Befund, evtl. mehrmals wiederholen. Evtl. Elektrokonversion!
	In der Phase der Kammerbradykardie Alupent®: 2,5 μ/kg Körpergewicht als sehr langsame intravenöse Injektion, besser als Infusion. Zufuhrdauer entsprechend dem Ekg-Befund. Evtl. mehrmals wiederholen. Durch Alupent® Auslösung neuerlicher Rhythmusstörungen möglich, falls diese bedrohlich, vorsichtig Dociton® intravenös. Statt Alupent® kann auch Dopamin (3 μg/kg/min) als Infusion gegeben werden.
	Bei Kreislaufstillstand Zufuhr über Kavakatheter!
	Fortlaufende Ekg-Kontrolle über vier bis fünf Stunden (Monitor).
	Evtl. künstliche Beatmung.
Abklingen der bedrohlichen Symptome	Innerhalb von vier bis fünf Stunden. Nach zehn bis zwölf Stunden meist wieder Sinusrhythmus.
Nachbehandlung	Kontrolle des Elektrolythaushalts, falls erforderlich Zufuhr entsprechender Elektrolytlösungen.

Vergiftungen mit Glykosiden

Auslösende Faktoren	Versehentliche Einnahme durch Kinder, Suizidversuche (sehr selten). Intoxikation bei „üblichen" Dosen aufgrund von Elektrolytstörungen, besonders bei Kalipenie. Akute Verschiebungen des intra-/extrazellulären Gradienten wesentlich kritischer als langsamer Eintritt eines Kaliummangels.
Hauptlokalisation der Schädigung	Herz, Kreislauf aufgrund mangelhafter Auswurfleistung, Gastrointestinaltrakt (Erbrechen, Durchfälle), zentralnervöse Funktionen (Augenflimmern, Verwirrtheit, Delirium, psychotische Zustände).
Grenzdosen	Die exakte Angabe einer kritischen Grenzdosis ist schwierig, da diese sehr situationsabhängig – Elektrolythaushalt, Nierenfunktion, vorausgegangene Digitalisierung – ist. Als Anhaltspunkte sollen deshalb die oralen maximalen Tagesdosen dienen, deren Überschreitung, besonders bei geringem Körpergewicht, eine Intoxikation als wahrscheinlich erscheinen läßt: Tägliche Maximaldosis: γ-*Strophanthin* 1,0 mg (i.v.); *Digoxin* 1 mg oral; *Lanatosid C* 1,2 mg oral; *Digitoxin* 0,2 mg oral Als weiterer Hinweis gilt der Umstand, daß die wirksame therapeutische Dosis bereits 50 bis 60% der toxischen Dosis beträgt. Besonders kritisch: Patienten, die über einen längeren Zeitraum mit Diuretika behandelt wurden oder deren Nierenfunktion eingeschränkt ist.
Vergiftungseintritt	20 bis 30 Minuten nach Einnahme.
Symptome	Herzrhythmus- und Reizleitungsstörungen: Gehäufte supraventrikuläre Extrasystolen, letztere evtl. als Bigeminus. Supra- und ventrikuläre Tachykardien bis zum Kammerflattern oder

-flimmern. Hemmung der AV-Überleitung. Bei hohen Dosen auch Verlangsamung einer Flimmerarrhythmie.

Selten: Bradykardien mit oder ohne Blockbildung (3 bis 4% der Fälle).

Verwirrtheit, psychotische Zustände.

(Erbrechen verstärkt Intoxikationserscheinungen aufgrund von Elektrolytverlusten, ähnliches gilt für Magenausheberungen!)

Ekg Entsprechend den Rhythmusstörungen.

Gegenmaßnahmen *Kaliumsubstitution:* Bei schweren Formen: Intravenöse Kaliuminfusion 15 mval pro Stunde. Maximal innerhalb von 24 Stunden 150 bis 200 mval. Bei leichteren Intoxikationen: Kaliumchlorid oral 2- bis 3mal 40 mval.

Keine forcierte Diurese!

Dämpfung des übererregten Myokards durch rhythmisierende Pharmaka.

Diphenylhydantoin: 125 bis 250 mg intravenös, falls erforderlich Wiederholung nach fünf bis zehn Minuten.

Lidocain: 1 mg/kg Körpergewicht, Wiederholung nach etwa 20 Minuten, maximal 750 mg.

Spartein (Depasan®): 100 bis 150 mg intravenös, Wiederholung nach etwa 30 Minuten.

Evtl. auch *Ajmalin* (Gilurytmal®) 1 mg/kg Körpergewicht langsam intravenös oder Propranolol 1 bis 3 mg, ebenfalls intravenös.

Bei vorhandenen AV-Überleitungsstörungen Vorsicht mit Substanzen, die von sich aus die AV-Überleitung beeinträchtigen, d. h. mit Ajmalin, Procainamid, β-Rezeptorenblockern und Chinidin.

Bei ausgeprägten Bradykardien und Bradyarrhythmien: *Alupent®*: oral $^1/_4$ bis $^1/_2$ Tablette zu 10 mg alle zwei bis drei Stunden oder intravenös am besten als Infusion 5 γ/Minute in isotoner Infusionslösung.

	Cave! Calciumzufuhr, außer bei Glykosidintoxikationen in Verbindung mit einer Hyperkaliämie. *Elektrotherapie:* Der Gedanke an eine Elektroreduktion tachykarder Rhythmusstörungen liegt nahe, die Erfolge sind aber wenig ermutigend. Sie sollte deshalb unterbleiben, außer sie würde als ultima ratio eingesetzt.
Nachbehandlung	Normalisierung des Elektrolythaushalts, besonders durch orale Kaliumsubstitution über acht bis zehn Tage, um die eingetretenen zellulären Verluste auszugleichen.

Vergiftungen mit Chinin und Chinidin

Auslösende Faktoren	Abtreibungsversuch, Suizidversuch. Überhöhte Einnahmen aufgrund falsch verstandener Verordnungsanweisungen.
Hauptlokalisation der Schädigung	Zentralnervöse Schädigungen, besonders der Hör- und Sehfunktion, Herz und Kreislauf, Gastrointestinaltrakt, Niere.
Grenzdosen	*Chinin* 4 bis 8 g, *Chinidin* 1 bis 3 g. Bei Kindern niedriger! Symptome bei Chinin und Chinidin grundsätzlich ähnlich. Bei Chinin stehen aber oft die zentralnervösen Schädigungen und die Nierenfunktionsstörung und beim Chinidin die kardiotoxischen Erscheinungen im Vordergrund.
Vergiftungseintritt	Beginn 15 bis 30 Minuten nach Einnahme. Maximum der Intoxikationserscheinungen nach vier bis sechs Stunden.
Symptome	*Zentrales Nervensystem:* Benommenheit, Druckgefühl, Nebel- oder Farbensehen, Einschränkung des Gesichtsfelds bis zur Amaurose, Ohrensausen bis zum Verlust des Hörvermögens. *Gastrointestinaltrakt:* Übelkeit, Erbrechen, toxische Enteritis. *Herz:* Sinustachykardie, Tachyarrhythmie, Extrasystolen, mitunter als Bigeminus oder Trigeminus, Hemmung der AV-Überleitung. Bei Chinidin auch Übergang in Kammertachykardien bis zum Kammerflattern oder -flimmern möglich. *Kreislauf:* Blutdruckabfall infolge substanzeigener vasodilatatorischer Effekte und mangelhafter Auswurfleistung des Herzens.

Vergiftungen mit Chinin und Chinidin *(Fortsetzung)*

	Niere: Einschränkung der Nierenfunktion bis zum Nierenversagen, begünstigt durch Ausbildung hämolytischer Thromben. Dies auch noch am zweiten oder dritten Tag nach Intoxikationsbeginn möglich!
Gegenmaßnahmen	Magenausheberung, falls nicht bereits massives Erbrechen bei Intoxikationsbeginn. Umgehende Krankenhauseinweisung auch bei Intoxikationsverdacht. Forcierte Diurese, evtl. Dialyse. Elektrolytkontrolle. Substitution von Kaliumchlorid durch Infusion 15 mval/Stunde. Hierdurch nachhaltige Beeinflussung der Herzrhythmusstörungen. Natriumbikarbonat bei Hyperkaliämie in Verbindung mit akutem Nierenversage Bei Kammerflimmern Elektrokonversion. Bei Herzstillstand extrathorakale Herzmassage mit Mund-zu-Mund-Beatmung. Bei Schock Plasmaexpandergabe. Bei Intoxikationen mit hohen Dosen und hierdurch bedingter Kontraktilitätseinbuße des Myokards Alupent® als Infusion: 5 γ/Minute in isotoner Infusionslösung.
Nachbehandlung	Die Nachbehandlung erstreckt sich über zwei bis drei Wochen. Im Vordergrund steht die orale Kaliumsubstitution. Zur Behandlung zentralnervöser Störungen haben sich Coffein und Eupaverin® bewährt.

Vergiftungen mit Spartein (Depasan®) bzw. mit sparteinhaltigen Venenpräparaten

Auslösende Faktoren	Versehentliche Einnahme durch Kinder. Suizid- bzw. Abtreibungsversuch.
Hauptlokalisation der Schädigung	Atemdepression bzw. Atemlähmung infolge kurareähnlicher Effekte auf die Atemmuskulatur. Rhythmusstörungen in der hypoxämischen Phase, Herzstillstand.
Grenzdosen	40 bis 60 mg/kg Körpergewicht für Atemdepression bzw. Atemlähmung. 90 bis 100 mg/kg Körpergewicht für Herzstillstand.
Vergiftungseintritt	15 bis 20 Minuten nach Einnahme. Maximum der Intoxikationserscheinungen nach 45 bis 60 Minuten.
Symptome	Zunächst keine auffallenden Symptome. Allmähliche Abflachung der Atmung, evtl. Unruhe, *plötzliches* Auftreten von Schnappatmung, kurz darauf Atemlähmung und evtl. auch Herzstillstand.
Ekg	In der hypoxämischen Phase Extrasystolen. Im Gegensatz zu Intoxikationen mit anderen rhythmisierenden Pharmaka keine Hemmung der AV-Überleitung.
Gegenmaßnahmen	Bei Atemdepression bzw. Atemstillstand Mund-zu-Mund-Beatmung, Extrathorakale Herzmassage. Klinikeinweisung, auch bei Intoxikationsverdacht. Symptomlosigkeit sollte hierfür kein Hinderungsgrund sein! Vorbereitung für künstliche Beatmung, damit bei Eintritt der Atemlähmung diese umgehend durchgeführt werden kann.

	Medikamentös: intravenös Calcium und Atropin ($^1/_4$ mg), falls erforderlich Elektrolytsubstitution, Bicarbonatsubstitution, Plasmaexpandergabe.
Abklingen der bedrohlichen Symptome	Nach drei bis vier Stunden Wiedereinsetzen der Spontanatmung. Evtl. lange nachwirkende Hypoxämieschäden, falls künstliche Beatmung nicht umgehend erfolgte.

Vergiftungen mit Antiarrhythmica (Kombinationspräparate)

Pulsnorma® (Zusammensetzung: Ajmalin 30 mg, Spartein 25 mg, Antazolin 50 mg, Phenobarbital 5 mg)	Versehentliche Einnahme durch Kinder, Suizidversuch. Vergiftungsbild wird durch Ajmalin und Antazolin bedingt. Symptome seitens des Herzens wie bei Ajmalinintoxikationen, zusätzlich tonisch-klonische Krämpfe durch Antazolin. Schon bei einer Gesamtdosis von 12 bis 14 mg/kg Körpergewicht Ajmalin schwere Intoxikationen, offensichtlich aufgrund der Summierungseffekte mit Antazolin, zu erwarten. Vergiftungseintritt 20 bis 30 Minuten nach Einnahme. *Maßnahmen:* Umgehende Krankenhauseinweisung, falls erforderlich extrathorakale Herzmassage und Mund-zu-Mund-Beatmung. Behandlung wie Ajmalinintoxikationen. Zusätzlich Kaliumverluste, deshalb Kaliumsubstitution per Infusion (15 mval/Stunde). Gegen tonisch-klonische Krämpfe: Distraneurin® oder Valium®.

Digi-Pulsnorma® (Zusammensetzung: Ajmalin 30 mg, Spartein 25 mg, Antazolin 50 mg, Phenobarbital 5 mg, zusätzlich $^{1}/_{8}$ bzw. $^{1}/_{4}$ Digoxin)	Bisher noch kein Vergiftungsfall bekannt. Vergiftungssymptome wahrscheinlich ähnlich wie bei Pulsnorma® beschrieben. *Therapie* wie bei Pulsnorma®-Vergiftung. Wegen der Digoxinkomponente Kaliumsubstitution besonders wichtig!
Rhythmochin® (Zusammensetzung: Chinidinum 0,1 g, Procainamid · HCl 0,05 g, Extr. Crataegi 0,03 g).	Versehentliche Einnahme durch Kinder, Suizidversuch. Bei beiden Präparaten Vergiftungsbild durch Chinidinkomponente bedingt. *Behandlung* wie bei Chinidinvergiftungen.
Coritrat® (Zusammensetzung: Procainamid · HCl 125 mg, Ajmalin 10 mg, Chinidin 35 mg, Meprobamat 100 mg, Phenobarbital 4,4 mg, Theophyllin 17,5 mg).	

Pilzvergiftungen

Anamnese

1. *Artbestimmung* der genossenen Pilze, Befragung des Sammlers oder Händlers (Standort, Witterung (Frost!), Schirm, unversehrter Stiel, Fehlen typischer Merkmale, Resteuntersuchung, Sporenbestimmung).
2. *Präparation:* Zeitpunkt des Pflückens, Transport (Plastiktüte?), Lagerung, Zubereitung, beobachtete Besonderheiten (wie Verfärbung oder Geruch).
3. *Ingestion:* Einnahmezeitpunkt, Darreichungsform, Zuspeisen, Namen aller möglichen Pilzesser erfassen.

Beachte: Die gefährlichsten Pilzgifte sind die des Knollenblätterpilzes und der Lorchel, die beide eine Latenzzeit von über fünf Stunden haben!

Alle eßbaren Pilze (Steinpilze!) können durch langes Lagern (über 24 Stunden) und durch Aufwärmen giftig werden!

Soforttherapie

Bei geringstem Verdacht sofort erbrechen lassen (vorher heißes Salzwasser oder irgend eine andere Flüssigkeit außer Milch trinken lassen), anschließend Kohlekompretten (30 bis 50 Stück) und Natriumsulfatlösung (zwei Eßlöffel in Wasser gelöst) eingeben. Sofortige Klinikeinweisung (auch der noch gesunden Pilzesser). Plasmaexpandergabe, beatmen, evtl. sedieren.

Klinik

Magenspülung (auch nach vorherigem Erbrechen), forcierte Diurese, Elektrolytsubstitution, Bicarbonatsubstitution, sofortige Hämodialyse oder Blutaustauschtransfusion bei Vergiftungen mit einer Latenzzeit über fünf Stunden.

A. Lange Latenzzeit (über fünf Stunden)

Noxe	Symptome	Therapie
Knollenblätterpilze (Grüner, Weißer und Frühlings-), Lorchel.	Phalloides-Syndrom: Latenzzeit 5 bis 12 bis 48 Std., anfangs Gastroenteritis, evtl. mit Dehydratation, Anurie, (Urämie), Acidose, beschwerdefreies Intervall, dann Ikterus, Leberkoma, hämorrhagische Diathese, Schock, Hypoglykämie, Hypothermie, tetaniforme Krämpfe, Lähmungen, Kreislaufversagen.	Giftelimination (Vorsicht vor perkutaner Intoxikation!), Klinikeinweisung, Hämodialyse oder Blutaustauschtransfusion (nur in den ersten 48 Std.), Cortison (300 mg/die), Plasmaexpander, forcierte Diurese unter halbstündlicher Bilanzierung, Elektrolytkontrolle (evtl. massive Kaliumsubstitution). Bicarbonatsubstitution, Lävuloseinfusionen, Darmsterilisation mit Humatin® (8 Kapseln/die per Magensonde), Bifiteral (3mal/die 50 ml), Konakion®, sedieren, Infektionsprophylaxe. Meldepflicht!

Noxe	Symptome	Therapie
Orangefuchsiger Hautkopf (selten).	Oranella-Syndrom: Latenzzeit 3 bis 14 Tage, *keine* Gastroenteritis, uncharakteristische Symptome, wie Durst, Zungenbrennen, Obstipation, Dermatitis, Urämie, Herzkreislaufversagen.	Giftelimination, sofort Hämodialyse, Cortison.
B. Kurze Latenzzeit (unter fünf Stunden)		
Bitterpilz, Bleicher Ziegenbart, Dickfuß, Falscher Hallimasch, Flockenstieliger Hexenröhrling (roh), Gelbfleckende Champignons, Grüner Becherling, Kahler Krempling, Karbol-Egerling, Kartoffelbovist, Scharfe Milchlinge, Tiger-Ritterling, Wiesenröhrling.	Gastrointestinales Syndrom, Latenzzeit 1/2 bis 3 Std.: Übelkeit, heftige Gastroenteritis, Koliken, Wadenkrämpfe (Elektrolytverlust), Anurie (Dehydratation), Schock.	Giftelimination, Kohlegabe, Elektrolytinfusionen (Kalium!), Plasmaexpandergabe, Antiemetika.
Fliegenpilz, Pantherpilz (siehe S. 42 und 48).	Pantherina-Syndrom: Rausch mit Halluzinationen, Tobsucht, Gastroenteritis, Mydriasis, Krämpfe, Lähmung, Koma, Atemstillstand, Kreislaufversagen.	Sedierung (Valium® oder Aponal® i.m.), Giftelimination, Kohle- und Natriumsulfatgabe, Plasmaexpandergabe, beatmen, forcierte Diurese.

Faltentintling, Schopftintling, Hexenpilz.	Acetaldehyd-Syndrom: Bei späterer Alkoholeinnahme (bis 3 Tage) Schwindel, Übelkeit, Flush, Kopfschmerzen, Schweißausbrüche, Tachykardie, Schock.	Plasmaexpander, beobachten, striktes Alkoholverbot für 8 Tage.
Dünnfleischiger Champignon, Mairitterling, Rißpilze, Satansröhrling (siehe auch unten), Täublinge, Trichterlinge.	Muskarinwirkung: Miosis, Akkommodationsstörungen, Bradykardie, Hypersalivation, starke Schweißneigung, Schwindel, Dyspnoe, Bronchospasmus, Schock, Lungenödem.	Schnelle Giftelimination, wiederholte Gaben von Atropin (0,5 bis 2 mg i.m. oder i.v. bis zur Aufhebung der Schweißneigung oder Miosis), Plasmaexpandergabe, forcierte Diurese, beatmen.
Gallentäubling, Gelblicher Knollenblätterpilz, Grünblättriger Schwefelkopf, Riesenrötling, Satansröhrling.	Wie Bitterpilz, evtl. Phalloides-Syndrom (siehe Knollenblätterpilz).	Siehe Bitterpilz bzw. Knollenblätterpilz.
Birkenreizker.	Latenzzeit 4 bis 5 Std. Wie Bitterpilz, evtl. Phalloides-Syndrom, schwere Blutungen, Schock, zentrale Erregung, Koma.	Siehe Bitterpilz bzw. Knollenblätterpilz. Plasmaexpander, Calcium.

Tierische Gifte

Besonders gefährdet sind Kinder!

Noxe	Symptome	Therapie
Schlangen	Schock, Übelkeit, Erbrechen, Angst, Schwindel, Darmspasmen, Hämolyse, Anurie, Atemlähmung, Herzstillstand.	Extremitäten arteriell unterbinden, Exzision oder Aussaugen der Bißstelle, beatmen, *sofort* Schlangengiftserum (siehe S. 24, bei Kindern gleiche Dosierung), Plasmaexpander, Cortison i.v., kein Calcium, kein Digitalis, evtl. Heparin i.v., Tetanol-Tetagam.
Insekten		
Mücken, Bienen, Wespen, Hornissen, Ameisen, Hummeln.	Lokalreaktion, Schüttelfrost, Fieber, Urtikaria, Erbrechen, Diarrhoe, Krämpfe, Lungenödem, anaphylaktischer Schock, Glottisödem, Herz- und Atemlähmung.	Stachel entfernen, mit Salmiakgeist betupfen, Cortison i.v., und lokal, Calcium i.v., Antihistamin-Gel, infizierte Stiche: Badional®-Gel, bei vielen Stichen Giftblasen abtragen, evtl. Plasmaexpander, beatmen, Digitalis, Lasix®.
Giftspinnen, Skorpione		
Schwarze Witwe, Vogelspinne, Kammspinne, Wolfspinne, Grüner	Starke lokale Schmerzen, Erregung, Hypertonie, tetanische Krämpfe, aku-	Arterielle Unterbindung, Inzision, Aussaugen, *sofort* Antiserum i.v. (hilft

Dornfinger, Feld- und Hausskorpion. Bananenimporte!	tes Abdomen, Schock, Arrhythmie, Atemlähmung.	noch nach 12 Std.), 250 mg Cortison i.v., Plasmaexpander, beatmen (evtl. nach Kurarisierung), lokal Bäder mit Kaliumpermanganatlösung, evtl. Neostigmin, Antibiotikum.
Fische		
Petermännchen, Muränen, Korallenfische, Steinfische, Kugelfische, Haie, Seeigel.	Schmerzen, Nekrose, Schwitzen, Tachykardie, Delirien, Krämpfe, Schock.	Stachel ausschneiden, Alkoholumschläge, Badional®-Gel, Calcium i.v., Cortison, Plasmaexpander (Haie!), beatmen.
Quallen, Aktinien, Meeresschnecken	Dermatitis, Blasenbildung, Krampf der Atemmuskulatur, Schock.	20%ige Anaesthesin®-Salbe, Deseril® 2 bis 3 Amp. i.v., Calcium i.v., Valium® i.v., beatmen, Plasmaexpander.
Kröten		
Bufo vulgaris.	Siehe S. 42.	
Zecken		
Ixodes ricinus.	Schmerzen, Dermatitis, Infektionskrankheiten, Enzephalomyelitis.	Öl, Fett oder Wundgel auftragen, Kopf am nächsten Tag herausdrehen, Nachbeobachtung.
Raupen, Schmetterlinge	Schmerzen, Dermatitis, Konjunktivitis.	Haare entfernen, Calcium, Cortison, Augen spülen.

Laugenvergiftungen

Gefährlicher als Säurevergiftung!

Erste Hilfe

1. *Sofort viel Wasser*, möglichst mit Zusatz verdünnter (2%iger) Essigsäure, Zitronensaft, Orangensaft, sauren Rotwein oder Eiermilch, *trinken lassen*.
   Magenspülung nur falls im Mund noch keine Nekrose gebildet ist und nur innerhalb der ersten 15 Minuten.
2. Bei zusätzlicher Inhalation (Ammoniak) Prophylaxe eines Lungenödems (siehe Seite 27 „Reizgase").
3. Haut und Augen mit viel Wasser spülen.
4. Intubation bei Glottisödem.
5. Schockprophylaxe mit Plasmaexpandern.
6. Schmerzbekämpfung mit Dolantin® S, lokal Badional®-Gel, Targophagin® zum Lutschen.
7. Halbstündlich 2 Eßlöffel Phosphalugel® oral.
8. Bei Krämpfen (Alkalose) Valium® i.v.

Noxe	Symptome	Therapie
Ammoniumhydroxid Salmiakgeist. DL: 3 bis 4 ml.	Lokal starke Tiefenwirkung (Kolliquationsnekrose), oral sofort starke	Siehe „Erste Hilfe"; Kalkpartikelchen im Auge ektropioniert mit Watte-

Kaliumhydroxid

Ätzkalk, Kalilauge.
DL: 10 bis 15 ml 15%ig.

Lithiumhydroxid

Luftreiniger in Atemgeräten, Photoentwickler.
DL: wie KOH.

Natriumhydroxid

Ätznatron, Natronlauge.
DL: wie KOH.

Barium-, Calcium- und Strontiumoxid

Beim Auflösen in Wasser starke Wärmeentwicklung und Übergang in Hydroxide (siehe oben).

Einige Salze, wie Natriumcarbonat (Soda), Kaliumcarbonat (Pottasche) oder Ammoniumcarbonat, die nur schwach alkalisch reagieren.

Schmerzen in Rachen, Ösophagus und Magen, blutiges Erbrechen, glasig geschwollene Lippen und Mundschleimhaut, Singultus, Aspiration, Ösophagus- und Magenperforation, blutige Diarrhoe, Schock, tetaniforme Krämpfe (Alkalose), alkalischer Urin; Stenose als Spätschaden, Hämolyse.

bausch entfernen, Augenarzt; wiederholte Magenbreipassage (Stenose, Perforation); Prophylaxe einer Ösophagusstenose mit Cortison (3 Wochen lang täglich 80 mg), nicht bougieren; Infektionsprophylaxe (Tetanus); Nahrungszufuhr anfangs i.v., später Schleime (Reis, Hafer), rohe Eier, Milch; bei ausgedehnten Hautverätzungen Infusionstherapie wie bei Verbrennungen (Neunerregel).

Säurenvergiftungen

Schweregrad der Vergiftung abhängig vom Füllungszustand des Magens!

Erste Hilfe

1. *Sofort viel Wasser,* möglichst mit Zusatz von rohen Eiern oder Milch, *trinken lassen!*
   Keine Neutralisationsversuche mit Laugen!
   Magenspülung nur innerhalb der ersten 15 Minuten (Klinik!).
2. Bei zusätzlicher Inhalation Prophylaxe eines Lungenödems (siehe Seite 27 „Reizgase“).
3. Haut und Augen mit viel Wasser spülen.
4. Herzmassage bei reflektorischem Herzstillstand.
5. Schockprophylaxe mit Plasmaexpandern.
6. Schmerzbekämpfung mit Dolantin® S, lokal Badional®-Gel, Targophagin® zum Lutschen.
7. Halbstündlich 2 Eßlöffel Phosphalugel® oral.

Klinik

1. Acidosetherapie mit THAM oder Natriumbicarbonat.
2. Bei Hautverätzung Infusionstherapie (Neunerregel wie bei Verbrennungen).
3. Prophylaxe einer Ösophagusstenose mit Cortison (3 Wochen lang täglich 80 mg).
4. Wiederholte Magenbreipassage.
5. Infektionsprophylaxe (Tetanus).
6. Forcierte alkalisierende Diurese (siehe Seite 34 „Schlafmittelvergiftung"), bei Nierenversagen Dialyse (Hämodialyse).

Noxe	Symptome	Therapie
Ameisensäure		
25%ig, DL: 200 ml; Kesselsteinentferner; sehr starke lokale Reizwirkung; siehe auch unter Methylalkohol.	Acidose, Hämolyse, Leber- und Nierenschädigung.	Siehe „Erste Hilfe". Evtl. Bluttransfusion.
Citronensäure		
DL: über 20 g; Citrate untoxisch.	Oberflächlich schleimhautätzend, Hypokalzämie.	

Noxe	Symptome	Therapie
Essigsäure		
96%ig, DL: 20 bis 50 ml; Essigessenz 50 bis 80%, Salze und Ester (Amylacetat = Zaponlack).	Starke Hämolyse, Schock, Acidose, Lungenödem, hämorrhagische Diathese, Nierenversagen.	Hämodialyse, Gerinnungsstatus. Ester: kein Erbrechen (Aspiration!), Paraffinöl, künstliche Beatmung.
Glyoxylsäure		
In unreifen Früchten (Stachelbeeren), wird zu Oxalsäure abgebaut (siehe dort).	Hämolyse.	
Flußsäure		
(HF), 30 bis 80%ig; Ätzen bzw. Putzen von Glas; Fermenthemmung, Calciumausfällung; siehe „Gasvergiftung" S. 30.	Übelkeit, blutiger Brechdurchfall, tiefgreifende Hautnekrosen (starke Schmerzen bei geringfügigem Lokalbefund!), tetaniforme Krämpfe, Hyperthermie, Schock, Atemlähmung, Herzversagen.	Frischluft, künstliche Beatmung, Haut spülen, dann MgO-Glyzerinsalbe auftragen; Eier oder Milch trinken lassen, Calciumgluconatgabe (oral 15 g, lokal Umspritzung mit 10% Lösung i.v.), Natriumsulfat als Abführmittel, Plasmaexpander, Infusionstherapie wie bei Verbrennungen.
Fluoressigsäure		
DL: 5 mg/kg KG; hemmt Aconitase im Citratzyklus; Latenzzeit 30 Minuten bis mehrere Stunden.	Erregung, starke klonische Krämpfe, Schock, Herzrhythmusstörungen, Herzstillstand, Koma.	

Osmiumsäure wie Salzsäure		
Oxalsäure		
Fleckenentfernungs-, Bleich- und Putzmittel, Entroster; Kleesalz, Rhabarber, Sauerampfer; DL: ab 5 g; Calciumoxalatbildung im Körper.	Heftige Magenschmerzen, Erbrechen (schwarze Massen), Schock, tetaniforme Krämpfe, Anurie, Hämolyse, Leberschädigung, Herz-Kreislauf-Versagen.	Calciumgluconat (zur Magenspülung, am Ende 40 g belassen; wiederholt 20 ml der 20%igen Lösung i.v.), sofortige forcierte Lasix®-Diurese, evtl. Hämodialyse.
Phosphorsäure 25%ig		
Salicylsäure	Siehe Seite 60 „Rausch- und Suchtmittel“.	
Salpetersäure		
Rohe 65%ig, DL: 5 bis 10 ml.	Gelber Ätzschorf.	
Salzsäure		
33%ig, DL: 5 bis 20 ml.	Weißer Ätzschorf.	
Schwefelsäure		
98%ig, DL: 1 bis 5 ml.	Schwarzer Ätzschorf.	
Weinsäure		
Harmlos, DL: ab 20 g.	Gering schleimhautätzend.	

Lebensmittelvergiftungen

Erste Hilfe

1. Bei Verdacht sofort *viel trinken* (z. B. Kochsalz- oder Kaliumpermanganatlösung oder jede andere Flüssigkeit außer Milch) und dann *erbrechen* lassen, Kohle- und Natriumsulfatgabe.
2. Diarrhoe herbeiführen: oral hochprozentige Sorbit- oder Lävuloselösung (Bifiteral® Laevilac®); 10 Amp. Mestinon® oder Doryl® per infusionem.
3. Plasmaexpander, evtl. künstliche Beatmung.
4. Bei einer Latenzzeit über 12 Stunden und Verdacht auf Botulismus sofortige Antitoxingabe.
5. Diät, Bettruhe, evtl. Meldepflicht.

Noxe	Symptome	Therapie
Botulismus		
Clostridium b., anaerob, Neurotoxin, thermolabil (15 Minuten kochen); in Fisch, Käse, Wurst, Früchte-, Fleisch- und Gemüsekonserven; toxinhaltige Lebensmittel weisen meist äußerlich keine Veränderungen auf, säuerlicher	Latenzzeit 12 bis 48 Std. (maximal 14 Tage), Nausea, Erbrechen, Mundtrockenheit, starker Durst, Kopfschmerzen, Lichtempfindlichkeit, Augenmuskellähmungen (Stabismus convergens, Ptosis), Augenflimmern,	Bei Verdacht *sofort* Botulismus-Antitoxinserum (200 bis 400 ml initial i.v., dann täglich 2mal 50 ml i.m. 6 bis 12 Tage lang bis zur Rückbildung der Augensymptome); Vorsicht vor Aspiration bei Giftelimination; artifizielle

Geruch oder Gasbildung durch Begleitbakterien! Toxische Dosis: weniger als 0,01 mg; schnelle orale, perkutane und inhalatorische Resorption; schwerste Intoxikationen bei kurzer Latenzzeit (z. B. $^1/_2$ Std.). Prophylaxe: alle Konserven 30 min kochen! Meldepflicht.	Sprach- und Schluckstörungen, Muskelschwäche am Hals, dann an Extremitäten, Obstipation (Ileus), Tachykardie, Atemlähmung, Areflexie, Herzstillstand. Kein Fieber, meist keine (Begleit-) Diarrhoe.	Diarrhoe (siehe „Erste Hilfe"); Plasmaexpander, Intubation, künstliche Beatmung, Pneumonieprophylaxe, Kontrolle der Nierenfunktion; Therapiedauer 4 bis 6 Wochen (abhängig von Regenerationsdauer des vom Toxin zerstörten myelinfreien Nervens).
Clostridium perfringens in Rindfleisch, Truthahn, bei Kohlenhydratvergärung.	Latenzzeit 11 Std., Leibschmerzen, Übelkeit, Erbrechen, Krankheitsbild hält bis zu 48 Std. an.	Erbrechen (siehe „Erste Hilfe"), Kohle und Natriumsulfat, Nahrungskarenz, anfangs schwarzer Tee, später Schleim; nach starkem Erbrechen Elektrolytsubstitution parenteral, Bettruhe, Wärme; Antibiotika nach bakteriologischer Austestung.
Escherichia coli	Latenzzeit 12 Std., Durchfall, Übelkeit, Erbrechen, Krankheitsbild hält bis zu 5 Std. an.	
Salmonellen Endotoxine, stark hitzestabil; im Geflügel; Massenvergiftung.		Siehe „Erste Hilfe".
Staphylokokken (meist Staph. aureus), Enterotoxin, hitzestabil (30 Minuten kochen), in Schweine- und Rindfleisch, Geflügel; Massenvergiftung; Meldepflicht.	Latenzzeit 3 bis 5 Std., Leibschmerzen, Übelkeit, massive Gastroenteritis, Wadenkrämpfe, Schock, Hypothermie, kein Fieber; Krankheitsbild hält bis zu 96 Std. an.	Siehe „Erste Hilfe".

Insektizide

Noxe	Symptome	Therapie
Alkylphosphate		
Kontakt-, Fraß- und Inhalationsgifte; Cholinesterasehemmer; Azinphos, Bromophos, Carbophenothion, Chlorfenvinfos, Chlorthion, Demeton, Dialifor, Diazinon, Dibrom, Dichlofenthion, Dichlorvos, Dicrotophos, Dimefox, Dimethoat, Dioxathion, Disulfoton, Endothion, Ethion, Fenchlorphos, Fenitrothion, Fensulfothion, Fenthion, Formothion, Jodofenphos, Malathion, Methidathion, Mevinphos, Monocrotophos, Omethoat, Parathion (E 605), Phenkapton, Phorate, Phosalone, Phosphamidon, Phoxim, Sulfotepp, Tetrachlorvinfos, Triamphos, Trichloronat, Trichlorphon, Vamidothion, Zinophos. Oral, perkutan und inhalatorisch. DL: ab 0,1 g.	Extreme Miosis, Sehstörungen, Hypersalivation, abdominale Krämpfe, Durchfälle, Bradykardie, Erregungszustände, fibrilläre Zuckungen, tonisch-klonische Krämpfe, Dyspnoe, Zyanose, Bewußtlosigkeit, finale Mydriasis, Lungenödem, Schock, Atemlähmung.	*Sofort* beatmen (Schutz vor Selbstintoxikation!), dann hohe Dosen Atropin (5 bis 50 mg initial i.v., Kinder 0,1 mg/kg KG), 1 Amp. Toxogonin® i.v., benetzte Kleidung entfernen, Haut gründlich reinigen (Lutrol), Magenspülung, Kohleinstillation (Schutz vor perkutaner Selbstintoxikation!), weiterhin hohe Dosen Atropin (z. B. 2 mg i.v. in 10 min Abstand oder i.m.-Dauertropf entsprechend der Symptomatik: Verengerungstendenz der weiten Pupillen, Krämpfe, Bradykardie; rechtzeitig Tracheotomie, falls eine maschinelle Beatmung erforderlich, laufende Cholinesterasebestimmungen, ein- bis zweimalige Wiederholung der Toxogonin®-Gabe innerhalb der ersten 12 Std., bei bedrohlicher Verschlechterung Gabe von 1 bis 7 Amp.

Kampfstoffe (Tabun, Sarin, Soman, V-Stoffe).		Serumcholinesterase (Behring) aufeinmal i.v., Bicarbonatsubstitution, Plasmaexpandergabe, Kaliumsubstitution. Das Schicksal entscheidet sich in den ersten 15 Minuten!
Carbamate		
Aldicarb, Barban, Carbaryl, Carbetamid, Chlorbufam, Chlorpropham, Diallat, Dimetan, Dimetilan, Formetanat, Isolan, Mercaptodimethur, Methomyl, Phenmedipham, Promecarb, Propham, Propoxur, Triallat.	Wie bei Alkylphosphaten, nur *sofort* einsetzend und rasch wieder abklingend.	Wie bei Alkylphosphaten, jedoch *kein Toxogonin*® *!*
Cumarine		
Cumachlor, Cumafuryl, Cumatetralyl, Pyranocumarin, Warfarin.	Einmalige Intoxikation harmlos; mehrmalige Aufnahme kleiner Mengen jedoch gefährlich: Hirnblutung, Hämaturie, Anämie, Schock.	Vitamin K_1 (10 Tropfen Konakion® 6stündlich oral oder 1 Ampulle i.m.), Plasmaexpander bzw. Bluttransfusion, Kontrolle der Prothrombinzeit.
Indandione		
Chlorophacinon, Pindon, Vitamin-K-Antagonisten.	Siehe Cumarine.	Siehe Cumarine.

Noxe	Symptome	Therapie
Dipyridinium		
Deiquat, Morfamquat, Paraquat.	Gastroenteritis, Anurie, Fieber, nach einer Latenzzeit von einigen Stunden: Psychose, generalisierte Krämpfe, Haut- und Magenblutung, Schock, evtl. nach mehreren Tagen Lungenödem.	Haut sofort mit Lutrol oder Wasser und Seife spülen, sofortige Magenspülung, Kohle und Natriumsulfat instillieren, oral Bentonit (Fa. Serva, Heidelberg) geben, Darmeinlauf; Spülung, Instillation und Einlauf 12stündlich mehrmals wiederholen, forcierte saure Diurese, besser Hämodialyse; Auxiloson®-Inhalationen und täglich 1 g Cortison i.v. zur Prophylaxe von Lungenveränderungen, Blutgaskontrolle, Blutbild, täglich Röntgen-Thorax, Leber- und Nierenkontrolle, Antibiotikum.
Schwermetalle. Siehe Seite 97–104.		

Vergiftungen mit allen übrigen Verbindungen werden nur symptomatisch behandelt (Giftelimination!).

Siehe auch: O. R. Klimmer, Pflanzenschutz- und Schädlingsbekämpfungsmittel. Hundt-Verlag (kostenlos erhältlich vom Industrieverband Pflanzenschutz- und Schädlingsbekämpfungsmittel e.V., Bonn).

Metallvergiftungen

Erste Hilfe

1. (Eier-)Milch trinken, erbechen lassen, wieder Eiermilch trinken.
2. Kohle- und Natriumsulfatgabe (30 Kohlekompretten und 2 Eßlöffel Na_2SO_4).
3. Sofortige Antidottherapie bei einigen Vergiftungen (siehe unten).
4. Artifizielle Diarrhoe (Mestinon®, Sorbit, Laevilac®).
5. Vergifteten an frische Luft bringen.
6. Haut und Augen kräftig spülen.
7. Bei Lungenödem: siehe Seite 27 „Reizgasvergiftung“.

Noxe	Ersttherapie (siehe auch unter)	Kliniktherapie	Komplikationen	Spätfolgen
Aluminium	Sofort Calcium i.v. Eiermilch trinken, erbrechen. Säuren (Flußsäure).	Mestinon® i.m.		Lungen-schädigung.
Antimon	*Sofort* Sulfactin®, Erbrechen, Magenspülung. Säuren	Plasmaexpander, Elektrolyt-substitution.	Bronchospasmus, Hypoglykämie.	Herzmuskel- und Leberschaden.

Noxe	Ersttherapie (siehe auch unter)	Kliniktherapie	Komplikationen	Spätfolgen
Arsen	*Sofort* Sulfactin®, sofort Erbrechen, Magenspülung und Plasmaexpander, Humanalbumin (als Notbehelf Natriumthiosulfat i.v.).	Forcierte alkalisierende Diurese, Elektrolytsubstitution, Hämodialyse, Bicarbonatsubstitution, Antibiotika.	Schock, Krämpfe, Anurie, Diarrhoe.	Leberschaden, Polyneuritis, Nierenschaden.
Barium	Sofort Erbrechen und Magenspülung mit Natriumsulfat, anschließend 30 g Natriumsulfat instillieren.	Dolantin® S (und Atropin) gegen Koliken, Kaliuminfusionen, künstliche Beatmung, Ca und Mg i.v.	Arrhythmie (Ekg!), (kein Digitalis!) Kammerflimmern, Krämpfe.	ZNS-Schädigung.
Beryllium	Ruhe, O_2, Wundexzision.	Antiallergika, Cortison, Salicylate (10 g/die), Antibiotikum.	Allergie.	Lungenschädigung.
Blei	Erbrechen und Magenspülung, Haut reinigen, $CaNa_2$ EDTA, DTPA oder Calcium i.v. oder Metalcaptase® (oral).	Calcium, Atropin und Buscopan® bei Koliken, Valium® bei Krämpfen.		ZNS- und Leberschädigung, Anämie.
Cadmium	Inhalatorisch: Sofort Sulfactin® (nicht nach oraler Vergiftung!); Oral: Eiermilch trinken, Erbrechen, Magenspülung, DTPA.	Forcierte Diurese.	Lungenödem, Pneumonie.	Leber- und Nierenschaden.

Calcium	Milch trinken, Erbrechen. Laugen (Auge!)	Auge mit physiologischer Kochsalzlösung spülen.	Arrhythmie nach i.v.-Injektion.	
Chrom	Gelb-grüner Schorf. Kutan: *Sofort* baden oder duschen, Haut mit 5%iger Natriumhyposulfitlösung oder 10%iger $NaCa_2EDTA$-Lösung reinigen. Sofort Magenspülung mit Eiermilchzusatz, DTPA. Säure	Forcierte Diurese, Blutaustauschtransfusion, Hämodialyse, Elektrolytsubstitution, ausgedehnte Verbrennungen chirurgisch resezieren.	Schock, Anurie, Ekzem.	Nieren-, Leber- und Lungenschädigung.
Eisen	Sofort Eiermilch trinken, Erbrechen und Magenspülung, Desferal® in Magensonde und i.v., DTPA.	Plasmaexpander, O_2, Elektrolytkontrolle, Hämodialyse.	Allergie, Anurie, Acidose, Krämpfe.	Leber- und Nierenschädigung.
Gold	Erbrechen, Sulfactin®, Metalcaptase® oder evtl. $NaCa_2EDTA$.	Cortison, Antiallergika, Plasmaexpander.	Schwere Allergie.	Leber- und Nierenschädigung.
Kalium	Sofort Erbrechen, Magenspülung, Haut mit Paraffinöl reinigen.	NaCl-Infusionen (500 bis 700 mval), artifizielle Diarrhoe, Ca-Serdolit oral, Resonium-Einlauf, Hämodialyse.	Kammerflimmern, Atemlähmung.	Magenulkus.

Noxe	Ersttherapie (siehe auch unter)	Kliniktherapie	Komplikationen	Spätfolgen
Kobalt	Sofort Erbrechen, Magenspülung.	$CaNa_2$-EDTA oder Sulfactin®, Natriumthiosulfat.	Atemlähmung.	
Kupfer	Eiermilch trinken, Erbrechen, Magenspülung. Säuren. Blaugrüner Schorf.	$CaNa_2$-EDTA, (Sulfactin®), Cortison, Hämodialyse, 0,6 g Kaliumferrocyanid oral.	Schock (Kapillargift), Hämolyse (Ikterus, Anämie, Urämie), blutige Gastroenteritis, Metalldampffieber.	Leber- und Nierenschädigung.
Lithium	Erbrechen, Kochsalzzufuhr. Laugen.	Elektrolytsubstitution, forcierte Diurese, Valium® bei Krämpfen.	Anämie (reversibel), Metalldampffieber.	Keine.
Magnesium	Erbrechen, Magenspülung, Calcium i.v.	Beatmen, Calciumsubstitution, Prostigmin® (0,5 bis 1 mg i.v.), Hämodialyse.	Atemlähmung, Herzstillstand, lokal Nekrosen, Metalldampffieber.	
Mangan	Brauner Schorf. Eiermilch trinken, Erbrechen, Magenspülung, DTPA. Säuren.	Antiparkinsonmittel (Atropin, Larodopa®) 10 ml 10%iges Natriumthiosulfat und 20 ml 20%iges Calciumgluconat i.v.	Parkinsonismus, Glottisödem, Magenperforation, tödl. Blutungen, Schock, Pneumonie.	Leber-, ZNS- und Nierenschädigung.

Molybdän	Untoxisch (Ausnahme: große Mengen der sechswertigen Verbindungen).			Leber- und Nierenschädigung.
Nickel	Eiermilch trinken, Erbrechen, beatmen.	Sulfactin®, Antitussiva, Valium® bei Krämpfen und Erregungszuständen.	Atemlähmung, Lungenödem, Schock, Anurie, Pneumonie.	ZNS- und Leberschädigung, Anämie.
Osmium	Milch trinken, Erbrechen.	Sulfactin®, Antibiotika, Auge spülen, nach Inhalation 5‰ Natriumbicarbonatlösung inhalieren.	Lungenödem.	Nierenschaden.
Platin	Künstliche Beatmung.	Antihistaminika.	Allergie, Ekzem.	
Quecksilber	*Sofort* Sulfactin® 200 mg i.m. (Notbehelf: 10‰iges Natriumthiosulfat), sofort Eiermilch trinken, Erbrechen, Magenspülung mit Sulfactin® oder Milch. Grauweißer, hämorrhagischer Schorf.	Plasmaexpander, Elektrolyt- und Bicarbonatsubstitution, Hämodialyse, Antibiotikum.	Hirnödem, Glottisödem, Urämie, ZNS-Störungen, anaphylaktischer Schock, ventrikuläre Extrasystolen, Kammerflimmern.	ZNS-, Nieren- und Leberschädigung.

Noxe	Ersttherapie (siehe auch unter)	Kliniktherapie	Komplikationen	Spätfolgen
Selen	Knoblauchgeruch. Milch trinken, Erbrechen, Magenspülung, Auge und Haut mit 10%iger Natriumthiosulfatlösung spülen. Reizgase.	Plasmaexpander, forcierte Diurese, eiweißreiche Diät, Vitamin C (1 g/die).	Lungenödem, ZNS-Störungen, Allergie, Pneumonie.	Leber-, Milz-, Nieren- und Myokardschädigung, Anämie, Porphyrie.
Silber	Weiße, später schwarze Schleimhaut. *Sofort* Kochsalzlösung trinken, Erbrechen, Magenspülung mit 2%iger NaCl-Lösung, evtl. Eiermilch nachtrinken.	Künstliche Beatmung, Elektrolytsubstitution.	Krämpfe.	
Silicium	Erbrechen. Laugen, Säuren.	Anorganische Verbindungen untoxisch.	Organische Verbindungen: Evtl. Krämpfe, Atemlähmung.	
Strontium	Oral nur Anionenwirkung toxisch: Laugen (Auge und Haut spülen), Barium, Schwefelwasserstoff.			
Tellur	Wie Selen.	Vitamin C.		Leber- und Nierenschädigung.

Thallium	Erbrechen, sofort Magenspülung mit 1%iger Natriumjodid- oder 3%iger Natriumthiosulfatlösung oder mit schwarzem Tee, Antidotum Thalii Heyl (oral).	Elektrolytsubstitution, forcierte Diarrhoe (Mestinon®, Sorbit, Laevilac®), Valium® bei Krämpfen, Dolantin® S bei Schmerzen, Atropin bei Koliken.	Schwere Obstipation, Gefäßkrämpfe, Lungenödem, Atemlähmung, Pneumonie, Anurie, Hyperthermie, Hypertonie.	Polyneuritische Lähmungen, Sehstörungen (Erblindung), Haarausfall, Schmerzen, Demenz.
Titan	Haut abtupfen, dann gründlich spülen, Augen spülen. Reizgase. Fluorwasserstoff.	Beatmen.	Schock, Lungenödem, Krämpfe, Anurie.	ZNS-, Leber- und Nierenschädigung.
Uran	Milch trinken, Erbrechen, $CaNa_2EDTA$ (Plutonium), DTPA. Lokal Flußsäure. Reizgase.	Beatmen, Natriumbicarbonat, forcierte alkalisierende Diurese, Hämodialyse.	Lungenödem, Acidose, Ödeme.	Nierenschädigung (reversibel).
Vanadium	Beatmen, $CaNa_2EDTA$ oder Sulfactin, Vitamin C (1 g/die i.v.), Erbrechen.	Antibiotikum.	Hämorrhagische Pneumonie, Krämpfe.	Nierenschädigung.
Wismut	Erbrechen, sofort Sulfactin®.	Forcierte Diurese.	Anionenwirkung.	Nierenschädigung.
Wolfram	Eiermilch trinken, Erbrechen.		Kaum toxisch, Gastroenteritis.	Lungenschädigung.

Noxe	Ersttherapie (siehe auch unter)	Kliniktherapie	Komplikationen	Spätfolgen
Zink	Beatmen, Sulfactin® (Natriumthiosulfat) oder Metalcaptase®, Magenspülung mit 0,1%iger Kaliumpermanganatlösung. Säuren.	Plasmaexpander, evtl. Ditripentat-Heyl (DTPA) oder $CaNa_2$ EDTA.	Metalldampffieber, Pneumonie.	
Zinn	Beatmen, Erbrechen, Augen und Haut spülen. Säuren.	Valium® bei Krämpfen.	Metalldampffieber, Hirnödem, lokal Verbrennungssymptome.	ZNS-Schädigung.

Haushaltsmittelvergiftungen

Volumen eines Schlucks: 0,21 cm^3/kg Körpergewicht.

Noxe	Ersttherapie (siehe auch unter)	Kliniktherapie	Komplikationen	Spätfolgen
Abbeizmittel	Benzolderivate, Dichlormethan, Laugen, Methylalkohol.		Erbrechen, Acidosetherapie, Schock, Atemlähmung, Verätzung, Dialyse.	
Abflußrohrreiniger	Natriumhydroxid.		Laugen.	
Antiklopfmittel	Bleitetraäthyl, Eisencarbonyl.		Erregung, Krämpfe (Valium® !), Schock (Plasmaexpander), Nachbeobachtung.	
Abwasser	Phenole (DL: ab 3 g), Schwefelwasserstoff.		Speiseöl oder Eiermilch trinken und dann erbrechen lassen, Magenspülung, Kohle, Natriumsulfat (kein Paraffinöl). Schock, Lungenödem, Atemdepression. Forcierte Diurese!	
Autopolitur	Glyzerin, Lösungsmittel, Mineralöle.		Frischluft, kein Erbrechen! Paraffin, Valium® bei Krämpfen.	
Backofenreiniger	Alkohol, Lösungsmittel (Benzin), Laugen (Natronlauge).		Starke Laugen.	

Stoffgruppe	Toxikologisch bedeutsame Substanz	Ersttherapie (siehe auch unter)
Backpulver	Ammoniumcarbonat, Natriumcarbonat, Natriumtartrat.	Laugen. Krämpfe, Narkose, Schock, Hypokalzämie.
Badezusätze	Ätherische Öle, Alkohole, Laugen (Borax), Polyphosphate, Säuren.	Kein Erbrechen! Waschmittel.
Bleichmittel	Borsäure und ihre Salze (Natriumperborat), Chlorsalze, Chromate, Cyanate, Oxalsäure, Perschwefelsäure, Phosphate, Schwefeldioxid, Silicate, Soda, Wasserstoffperoxid.	Laugen, Säuren, Methämoglobinbildner, Reizgase. pH-Bestimmung. *Bor:* Valium® bei Erregung, Plasmaexpander, O_2-Beatmung, forcierte Diurese, Dialyse.
Bodenreiniger	Butylglykol, Laugen.	Frostschutzmittel.
Brunnenwasser	Nitrate.	Kleinkinder erbrechen lassen; bei Methämoglobinämie Toluidinblau i.v. (2 mg/kg KG).
Chromreinigungsmittel	Salmiakgeist.	Laugen.
Chromschutz	Benzin, Paraffinöl.	Lösungsmittel.
Dauerwellenmittel	Aliphatische Amine, Alkalisalze, Sulfite.	Laugen, schwache Säuren; evtl. Calciumgabe (Magnesiumvergiftung).
Depigmentierungsmittel	Peroxide, Quecksilberpräzipitat, Wismutsalze.	Quecksilber, Weißfärbung der Haut durch harmloses Sauerstoffemphysem.

Desinfektionsmittel	Alkohol, Bleiacetat, Borsäure, Bromchlorophen, Calciumhydroxid, Chlor, Formaldehyd, Hexamethylentetramin, Jod (DL: 2 bis 3 g), Kaliumpermanganat (DL: 5 g), Kampfer (DL: 2 g), Oxychinolinsulfat, Phenole (Hexachlorophen, DL: 2 bis 10 g), Quartäre Ammoniumverbindungen, Rhodanide, Schwefeldioxid, Silbernitrat (DL: 10 bis 30 g).	Reizgase. Säuren (pH-Bestimmung). *Phenol:* Speiseöl oder Eiermilch trinken lassen, erbrechen lassen, kein Paraffinöl!, Kohle, Natriumsulfat, weiter siehe S. 88 „Laugen". Plasmaexpander, O_2-Beatmung, Valium® bei Krämpfen, Haut mit Lutrol spülen, Augen spülen, Dolantin® S bei Schmerzen. Nieren- und lebertoxisch.
Desodorantien	Aluminiumsalze, Alkohol, Hexachlorophen (Phenol), Säuren.	Desinfektionsmittel. Meist harmlos.
Dichtungsmittel, Kitte	Äthylenglykol, Benzolderivate (Styrol), Bleiglätte, Borax, Magnesiumsalze, Metalloxide, Terpentinöl, Wasserglas.	Laugen, Lösungsmittel, Schwermetalle. Narkotische Wirkung (Atemlähmung).
Düngemittel	Kaliumsalze, Laugen (Calciumoxid), Mangansulfat (brauner Schorf), Selen (Staubinhalation!), Weißer Phosphor.	Atemlähmung, Schock, Verätzung. *Phosphor:* Erbrechen, Magenspülung mit 1%iger Kupfersulfatlösung oder 0,1%iger Kaliumpermanganatlösung, Kohle, Natriumsulfat.
Entfärber	Schwefeldioxid, Sulfite	Reizgas (Schwefelwasserstoff), Säuren, Bleichmittel.
Entfroster	Äthylenglykol, Alkohol, Methylalkohol.	Frostschutzmittel.

Stoffgruppe	Toxikologisch bedeutsame Substanz	Ersttherapie (siehe auch unter)
Enthaarungsmittel	Laugen, Sulfide, Thalliumacetat.	Erbrechen, Kohle und Natriumsulfat. Hersteller befragen (Thallium!).
Entkalker	Ameisensäure, Essigsäure, Salzsäure.	Säuren.
Fensterputzmittel		
Feuerlöscher	Äthan, Aluminiumsalze, Magnesiumsalze, Methan (Phosgenfreisetzung), Methylhalogene, Oxalsäure, Phenole, Phosgen, Schwefelsäure, Seifen, Tetrachlorkohlenstoff (nicht in BRD), Trichloräthylen.	Reizgase! (Phosgen: beschwerdefreies Intervall). Säuren, Laugen. Frischluft, O_2, Valium® bei Erregung; Haut reinigen, Erfrierungen steril abdecken.
Feuerwerkskörper	Bariumperoxid, Cadmiumsulfid, Kaliumchlorat, Metalloxide, Weißer Phosphor, Quecksilbersalze, Rhodanide, Schwefel, Thalliumnitrat.	Thallium! Sofort Magenspülung mit 0,1%iger Kaliumpermanganat- oder 1%iger Kupfersulfatlösung, Kohle, Natriumsulfat, Haut spülen (Lutrol oder Kupfersulfatlösung), weiter wie Verbrennungen.
Fieberthermometer	Quecksilber.	Orale Einnahme untoxisch! Natriumsulfatgabe.
Filzstifte	Anilinfarben, Lösungsmittel.	Bei Kleinkindern Methämoglobinämie (Toluidinblau 2 mg/kg KG i.v.).

Fleckenentferner	Alkohol, Lösungsmittelgemische, Oxalsäure, Tenside, Tetrachlorkohlenstoff (DL: 2-4 ml), Trichloräthylen.	*Tri und Tetra:* Frischluft, O_2, kein Erbrechen (Aspiration), Paraffin, Kohle, Natriumsulfat. Hepato- und nephrotoxisch.
Fliesenreiniger	Benzin, Borax, Natriumhydroxid, Phosphorsäure, Tenside, Trichloräthylen, Salzsäure.	Laugen, Säuren.
Frostschutzmittel	Äthylenglykol (DL: 100 ml), Bariumchlorid, Calciumchlorid, Glykole, Magnesiumsalze, Methylalkohol.	Laugen, Methylalkohol. Beatmen, Schocktherapie, *erbrechen,* Magenspülung, Kohle, Natriumsulfat, forcierte Diurese, Dialyse!, Calcium bei Krämpfen.
Fußbodenpflegemittel	Äthylenglykol, Alkali (Ammoniak), Alkohole, Benzin, Butylglykoläther, Methylalkohol, Mineralöle (Terpentinöl), Nitrobenzol, Nitrozelluloselacke, Phosphate, Tenside, Tuluol, Xylol.	Lösungsmittel, Laugen, Methylalkohol. O_2-Beatmung, Paraffin, Natriumsulfat, Valium® bei Krämpfen.
Geheimtinten	Laugen, Metallsalze (Blei, Eisen, Kobalt, Kupfer), Oxydationsmittel, Säuren.	pH-Bestimmung, Salzwassererbrechen, Kohle und Natriumsulfat. Hersteller befragen!
Geschirrspülmittel	Alkohole, Chlor, Citronensäure, Phosphate, Soda, Silicate, Tenside.	Laugen. Vorsicht bei Erbrechen (vorherige Gabe von Sab® simplex oder Lefax® als Entschäumer).
Gewürze	Ätherische Öle.	Vergiftung nur bei Kleinkindern möglich. Beatmen, erbrechen, Valium®.

Stoffgruppe	Toxikologisch bedeutsame Substanz	Ersttherapie (siehe auch unter)
Glasreiniger	Siehe Fensterputzmittel.	
Glastinten	Bariumsulfat, Flußsäure, Laugen.	pH-Bestimmung, Haut sofort intensiv spülen, evtl. erbrechen lassen, Calcium oral und i.v.
Haarentferner	Aceton, Alkali- und Erdalkalisulfide, Calciumthioglykolat, Mercaptane, Schwefelwasserstoff.	Reizgas, Laugen. Paraffin und Natriumsulfat.
Haarfärbemittel	Alkohole, Ammoniak, Aniline (für dunkle Farben), Kaliumsalze, Metallstaub, Polyäthylenglykole, Pyrogallol (DL: 2 g), Wasserstoffperoxid.	Laugen. Methämoglobinämie bei Kleinkindern, Hyperkaliämie. Hersteller befragen!
Haarfestiger	Alkohole, Dichlormethan, Carbonsäureester, Nitrose Gase.	Reizgase. Kein Erbrechen (Aspiration), Lungenödem, evtl. sedieren (Valium® i.v.).
Haarshampons	Anionen- und kationenaktive Detergentien.	Waschmittel, Laugen. Augen spülen.
Hautbräunungsmittel	Verschiedene Pigmentierungsmittel.	Untoxisch.
Hautpuder	Alkohole, Aluminium, Glyzerin, Magnesium, Zink.	Inhalatorisch: Lungenödem, Schock. Desinfektionsmittel.

Hautwässer	Alkohole, Ätherische Öle, Aluminiumsalze, Chloroform (bis 45%, DL: 10 bis 30 ml), Kampfer (bis 5%, DL: 2 bis 3 g), Organische Säuren (1%), Phenole.	Vorsicht bei Erbrechen (Aspiration), beatmen, Plasmaexpander, Lungenödemtherapie, Valium® bei Krämpfen, Methämoglobinämie.
Heizflüssigkeit	Glykole.	Siehe Frostschutzmittel.
Heizkörperuhrenlösung	Untoxisch (Diäthylsucciant, Methylbenzoat).	
Herdputzmittel	Ätherische Öle, Ammoniak, Ammoniumbifluorid, Lösungsmittel, Schwefelsäure.	Säuren, Laugen, Lösungsmittel, Fluor. Eiermilch trinken lassen, erbrechen, Calcium oral und i.v., Haut spülen, Plasmaexpander.
Insektenlockmittel	Acetaldehyd (Ätherische Öle, Carbonsäureester).	Sofort erbrechen, Magenspülung mit Natriumbicarbonat, Kohle, Natriumsulfat, Plasmaexpander. Reizgase.
Insektenschutzmittel	Ätherische Öle, Alkohole, Phthalsäureester, Toluylsäurediäthylamid.	Schwache Säure. Augen spülen, Vorsicht bei Erbrechen!
Kerzen	Paraffin.	Toxisch erst ab 2 g/kg KG.
Klebstoffe	Organische Lösungsmittel (Dichloräthan, Methylenchlorid?), Metalloxide, Weichmacher (Trikresylphosphat bis 5%, DL: 1,5 g).	Erbrechen (Aspiration!), Paraffin, Kohle, Natriumsulfat, beatmen, Plasmaexpander, Hersteller befragen, forcierte Diurese, Hämodialyse, Leberschutztherapie.
Kochsalz	Natriumchlorid.	Viel trinken lassen (Kinder!), 5%ige Glucose- oder Lävuloselösung infundieren.

Stoffgruppe	Toxikologisch bedeutsame Substanz	Ersttherapie (siehe auch unter)
Kosmetika	Siehe Hautpuder und Hautwässer.	Untoxisch bis 5 g/kg KG, darüber erbrechen, Kohle, Natriumsulfat.
Kreiden	Auch farbige untoxisch.	
Kugelschreibermine	Anilinfarben, Benzylalkohol, Polyglykol.	Nur bei Kleinkindern toxisch. Erbrechen, Magenspülung, Kohle, beatmen, Valium® bei Krämpfen. Methämoglobinämie (Toluidinblau 2 mg/kg KG i.v.).
Kunststoffreiniger	Lösungsmittel, Pyrophosphat.	Giftelimination, Calcium i.v. bei Krämpfen.
Lacke	Äthylacetat, Alkohole, Benzolderivate, Ester, Öle, Toluol.	Beatmen, Vorsicht bei Erbrechen, Paraffin (siehe Lösungsmittel), Hersteller befragen!
Lippenstift	Alkohole, Glykole, Mineralöle, Seifen.	Salzwassererbrechen, Paraffin, Natriumsulfat.
Lösungsmittel	Äther (Butylglykol), Aceton, Alkohole, Ammoniak, Aniline, Benzin, Benzol, Blausäure, Carbonsäureester, Dimethylforfamid, Dimethylsulfoxid, Glykole, Halogenhydrine, Laugen, Methylalkohol, Nitrobenzol (DL: 1 ml),	Beatmen (O_2), kein Erbrechen (Aspiration), durch Gabe von Eisstückchen am Erbrechen hindern, Magenspülung nach Intubation, Paraffin und Kohle, Natriumsulfat, Plasmaexpander, Valium® bei Krämpfen, Haut spülen,

	Phenole, Phosphorsäureester, Pyridin, Säuren, Schwefelkohlenstoff, Terpentinöl, Tetrachlorkohlenstoff, Trichloräthylen.	unbedingt Klinikeinweisung, Hersteller befragen, Giftnachweis (Asservate). Reizgase.
Metallputzmittel	Alkalien (Ammoniak), Glykole, Lösungsmittel (Benzin, Terpentinöl, Tetrachlorkohlenstoff), Säuren (Öl-, Oxal-, Schwefelsäure).	Lösungsmittel. pH-Bestimmung. Hersteller befragen!
Mineralöle (Heizöl)	Halogenkohlenwasserstoffe, Petroleum, Polyglykole, Trikresylphosphat.	Sofort Erbrechen (Aspiration!), Kohle, Natriumsulfat, bei Verletzungen chirurgisch Drainage.
Möbelpflegemittel	Ätherische Öle, Laugen (Ammoniak), Lösungsmittel (Benzin).	Paraffin, Natriumsulfat. Hersteller befragen!
Mottenkugeln	Dichlorbenzol, früher Naphthalin (DL: 2 g/Kind).	Apomorphin-Erbrechen, Plasmaexpander, siehe Seite 11.
Mundwasser	Alkohole, Ätherische Öle, Glyzerin.	Harmlos. Paraffin.
Nagelhautentferner	Natrium- oder Kaliumhydroxid, Aliphatische Amine.	Laugen.
Nagellack	Dibutylphthalat, Kampfer, Lösungsmittel (Aceton, Butanol, Essigsäureester, Toluol, Xylol).	Lösungsmittel.

Stoffgruppe	Toxikologisch bedeutsame Substanz	Ersttherapie (siehe auch unter)
Nagellackentferner	Lösungsmittel (Aceton, Äthylacetat), Öle.	
Obst, gespritztes	Insektizide.	Siehe Insektenschutzmittel.
Parfüm	Ätherische Öle, Alkohole, Lösungsmittel.	Paraffin.
Photoentwickler	Anilinderivate (Aminophenole, Hydrazin, Phenylendiamin), Bromid, Chromate, Laugen, Paraformaldehyd (Formalin), Phenolderivate (Hydrochinon), Rhodanide, Säuren.	Sofort Salzwassererbrechen, Paraffin, Kohle, Natriumsulfat, beatmen, Plasmaexpander; bei bedrohlicher Methämoglobinämie Toluidinblau (2 mg/kg KG i.v.). Hersteller befragen!
Photo-Fixierbad	Untoxisch, geringe alkalische Zusätze, Tenside.	Kein Erbrechen. Starke Laugen.
Rohrreiniger	Ätznatron, Natriumnitrat, Salpeter.	
Rostschutz	Antimonchlorid, Hydroxylaminhydrochlorid, Natriumnitrit (weiße Tabletten).	Methämoglobinämie bei Kleinkindern. Beatmen, Plasmaexpander, 2 mg/kg KG Toluidinblau i.v.
Rußentferner	Säuren, Schwermetallsalze (Kupfer, Zink).	(Eier-)Milch trinken lassen, erbrechen, Kohle, Natriumsulfat, Natriumthiosulfat i.v., Plasmaexpander, forcierte Diurese, Hömodialyse.

Scheibenwaschanlage	Äthylenglykol (DL: 100 ml), Methylalkohol.	Sofortiges Erbrechen, Kohle, Natriumsulfat, Plasmaexpander, forcierte Diurese, Dialyse.
Schmiermittel	Halogenkohlenwasserstoffe, Mineralöle, Phosphorsäureester (extrem selten).	Erbrechen (Aspiration!), Paraffin, Kohle, Natriumsulfat, bei Miosis Therapie wie bei E 605, Antibiotika.
Schuhpflegemittel	Benzin, Farbstoffe, Terpentinöl.	Giftelimination, Paraffin. Hersteller befragen!
Senf	Senföle, Weinessig.	Lungenödem, Hautschädigung (Auge!). Plasmaexpander, Paraffin, Natriumsulfat, forcierte Diurese.
Silberputzmittel	Benzin, Cadmiumsalze (DL: 30 bis 50 mg), Cyanide (DL: 150 mg), Laugen, Säuren.	Bei rosigem Gesicht und Atemdepression *Cyanid*intoxikation: sofortige Antidottherapie mit Dimethyl-p-aminophenol (siehe Blausäure), beatmen, Magenspülung mit 0,1%iger $KMnO_4$-Lösung. *Cadmium:* sofort erbrechen. Reizgase. Hersteller befragen, pH-Bestimmung.
Sonnenschutzmittel	Aminobenzoesäure, Dihydroxycumarin.	Harmlose Gastroenteritis.
Spray	Treibmittel Chlor-Fluor-Kohlenwasserstoffe.	Kaum toxisch, in Extremfällen siehe Reizgase, Tafel 14.
Steinpflegemittel	Lösungsmittel (Perchloräthylen).	Vorsicht bei Erbrechen (Aspiration!).

Stoffgruppe	Toxikologisch bedeutsame Substanz	Ersttherapie (siehe auch unter)
Streichholz	Antimonpentasulfid (schwed.), Kaliumchlorat, Roter Phosphor (untoxisch), Thalliumnitrat.	Sofort erbrechen, Kohle, Plasmaexpander, Haut spülen. Methämoglobinämie bei Kleinkindern. Säuren, Thallium!
Synthetics-Waschmittel	Siehe Bleichmittel (Perborat).	
Taschenlampenbatterie	Quecksilberchlorid (DL: 100 bis 700 mg), Quecksilberoxid.	1 Batterie untoxisch, Eiermilch trinken lassen, erbrechen, BAL, Magenspülung, Kohle, Natriumsulfat, Plasmaexpander, forcierte Diurese.
Teerentferner	Benzin, Halogenkohlenwasserstoffe (Chlorbenzole), Perchloräthylen.	Frischluft, Paraffin, kein Erbrechen.
Teppich- und Polsterreinigungsmittel	Alkohol, Tenside, Treibgas (Spray).	Untoxisch. Evtl. Hersteller befragen!
Tierkohle	Verstärkt Alkoholwirkung.	Bei Alkoholintoxikation nur Carbo medicinalis verabreichen!
Tinten	Blau und schwarz: untoxisch (Eisensulfat, Gallensäure, Gerbsäure, Salzsäure). Rot: 1 ml/kg KG toxisch (Eosin). Grün, violett: Anilinfarben (Naphthalin).	Nach massiver Ingestion Kohle und Natriumsulfat. Methämoglobinämie bei Kleinkindern.

Tintenstift	Anilinfarbstoff (Methylviolett), Triphenylmethan.	Hautnekrose.
Toiletten-reinigungsmittel	Natriumhydrogensulfat, Salzsäure.	Starke Säuren.
Trockenbrennstoff	Hexamethylentetramin, Metaldehyd (DL: 1 Tablette = 4 g).	Sofort erbrechen, Magenspülung mit 2%iger Natriumbicarbonatlösung, dann Paraffin und Natriumsulfat, beatmen, Valium® bei Krämpfen, forcierte Diurese; bei Esbit kann beim Verbrennen Blausäure frei werden (sofortige Antidottherapie!), Acidosetherapie.
Trockenmittel	Kaliumhydroxid, Kaliumcarbonat, Siliciumdioxid (untoxisch).	Laugen. Hyperkaliämie.
Trockenshampon	Isopropylalkohol, Methylalkohol, Tetrachlorkohlenstoff.	Sehr toxisch! Frischluft, Vorsicht bei Erbrechen, Paraffin, Kohle, Natriumsulfat, forcierte Diurese, Hämodialyse.
Türenreinigungsmittel	Borax, Tenside, Phosphate.	Schwache Laugen. Kein Erbrechen.
Vanillin	Wie Anilin.	Bei Kleinkindern evtl. Methämoglobinämie.
Wäschetinte	Anilinfarbstoffe.	Methämoglobinämie bei Kleinkindern (2 mg/kg KG Toluidinblau i.v.).

Stoffgruppe	Toxikologisch bedeutsame Substanz	Ersttherapie (siehe auch unter)
Wachse	Feste: untoxisch. Flüssige: siehe Lösungsmittel.	Erbrechen.
Wachsmalstifte	Nur Rot und Orange toxisch (Anilinfarben).	Methämoglobinämie (siehe Wäschetinte).
Waschmittel	Anionen- und Kationentenside, Polyphosphate, Quartäre Ammoniumverbindungen, Zusätze von Bleichmitteln (siehe dort).	Oral harmlos, verursacht Erbrechen, dabei oder inhalatorisch Aspiration durch Schaumbildung möglich, Laryngospasmus oder Lungenödem; daher prophylaktisch Silikonentschäumer (1 Eßl. Sab® simplex), Phosphalugel® bei Gastroduodenitis, Magenspülung nur nach Intubation! Polyphosphate: Calcium i.v.
Wasserenthärter	EDTA, kondensierte Phosphate.	Nicht toxisch.
WC-Reiniger	Natriumbicarbonat, Natriumbisulfat, Polyglykol, Tenside.	pH-Bestimmung, sofort erbrechen, Kohle, Natriumsulfat, forcierte Diurese.
Wildlederspray	Dichlormethan (DL: 15 ml), Trichloräthylen.	Frischluft, O_2, kein Erbrechen, Paraffin, Plasmaexpander, forcierte Diurese.
Zahnpasta	Ätherische Öle, Bromchlorophen, Fluor, Glyzerin, Kaliumchlorat, Magnesiumsalze, Natriumperborat.	Kaum toxisch, nur in Extremfällen erbrechen, Kohle (Paraffin), Natriumsulfat, Calcium bei Krämpfen.

Verzeichnis von Informations- und Behandlungszentren für Vergiftungsfälle in der Bundesrepublik Deutschland

10000 Menschen sterben in der Bundesrepublik jährlich an Vergiftung. Ursachen sind in 46,2% der Fälle Medikamente, in 40,2% Haushaltsmittel, in 7% Giftpflanzen, in 4,2% Alkohol und Nikotin. Bei Kindern treten die meisten Vergiftungen im 2. und 3. Lebensjahr auf.

Um bei der großen Zahl der als Gift in Frage kommenden Stoffe in allen Vergiftungsfällen, insbesondere auch bei Kindern, schnelle Hilfe leisten zu können, hat die beim Bundesgesundheitsamt in Berlin eingerichtete Zentralstelle Karteikarten aufgestellt, in denen unter dem Namen des Erzeugnisses Angaben über die für eine Vergiftung in Betrachtung kommenden Inhaltsstoffe, die Vergiftungserscheinungen und Vorschläge für die Behandlung gemacht werden. Diese Karten werden regelmäßig ergänzt und den hierfür im Bundesgebiet und Westberlin vorgesehenen klinischen Behandlungsstellen zugeleitet. Damit ist die Möglichkeit gegeben, daß in einem Vergiftungsfall der behandelnde Arzt die notwendige Auskunft tags und nachts fernmündlich einholen kann. Zunächst verfügen die nachstehenden Krankenhäuser über Informations- und Behandlungszentren für Vergiftungsfälle:

Zentren mit durchgehendem 24-Stunden-Dienst

Berlin: Städtische Kinderklinik Charlottenburg
Beratungsstelle für Vergiftungserscheinungen im Kindesalter
1 Berlin 19, Platanenallee 23-25
Tel.: (030) 304 03 11/12/13; 304 87 97

Berlin: Reanimationszentrum der Medizinischen Klinik und Poliklinik der Freien Universität im Klinikum Westend
1 Berlin 19, Spandauer Damm 130

Tel.: (030)
Durchwahl 303 54 66/215
Klinikzentrale 303 51

Bonn: Universitäts-Kinderklinik Bonn
Informationszentrale gegen Vergiftungen
53 Bonn, Adenauerallee 119
Tel.: (02221)
Durchwahl 220108
Klinikzentrale 227061-66
Fernschreiber: 886146

Braunschweig: Medizinische Klinik des Städtischen Krankenhauses
33 Braunschweig, Salzdahlumer Str. 90
Tel.: (0531) Durchwahl 62290
Klinikzentrale 61071

Freiburg: Universitäts-Kinderklinik Freiburg
Informationszentrale für Vergiftungen
78 Freiburg, Mathildenstr. 1
Tel.: (0761) Durchwahl 2014361
Pforte 2014301
Klinikzentrale 2011

Hamburg: II. Medizinische Abteilung des Krankenhauses Barmbek
Giftinformationszentrale
2 Hamburg 33, Rübenkamp 148
Tel.: (040)
Durchwahl 6385346/345

Homburg/Saar: Universitäts-Kinderklinik Homburg/Saar
Informationszentrale für Vergiftungen
665 Homburg/Saar
Tel.: (06841)
Durchwahl 162257/162846

Kiel: I. Medizinische Universitätsklinik Kiel
Zentralstelle zur Beratung bei Vergiftungsfällen
23 Kiel, Schittenhelmstr. 12
Tel.: (0431) Durchwahl 5973268
Klinikzentrale 5971

Koblenz: Städtische Krankenanstalten Kemperhof
Medizinische Abteilung
54 Koblenz, Koblenzer Str. 115-155
Tel.: (906) 44081, App. 311

Ludwigshafen: Städtische Krankenanstalten Ludwigshafen
Entgiftungszentrale
67 Ludwigshafen Bremserstr. 79
Tel.: (0621) Durchwahl 503431
Klinikzentrale 5031

Mainz: II. Medizinische Universitätsklinik
65 Mainz, Langenbeckstr. 1
Tel.: (06131)
Durchwahl 192741/192418/192416

München: Toxikologische Abteilung der II. Medizinischen Klinik rechts der Isar der Technischen Universität
8 München 80, Ismaninger Str. 22
Tel.: (089) Durchwahl 41402211
falls besetzt 41401
Fernschreiber: 05-24404 klire d

Nürnberg: II. Medizinische Klinik der Städtischen Krankenanstalten
Toxikologische Abteilung
85 Nürnberg 5, Flurstr. 17
Tel.: (0911) Durchwahl 3982451

Zentren mit noch nicht durchgehendem 24-Stunden-Dienst

Bremen: Zentralkrankenhaus Allgemeine Anästhesie-Abteilung
Tel.: (0421)
Durchwahl 44923412
(Informationszentrum)
44925446 (diensthabender Arzt)

Göttingen: Universitäts-Kinderklinik und Poliklinik
34 Göttingen, Humboldtallee 38
Tel.: (0551)
Klinikzentrale 526 2210/11
(Vermittlung an den diensthabenden Arzt)

Münster: Medizinische Klinik und Poliklinik
44 Münster, Westring 3
Tel.: (0251) Durchwahl 498667
oder 498 2201/2202
nachts Klinikzentrale 4981
(Vermittlung an den diensthabenden Art)

Papenburg: Marienhospital
Kinderabteilung
449 Papenburg
Tel.: (04961)
Klinikzentrale 2044
(Vermittlung an den diensthabenden Arzt der Kinderabteilung)

Nur Montag bis Freitag in der Zeit von 8.00 bis 16.00 Uhr

Der „Autopunkt"[1]), geeignet zur Anbringung an der Windschutzscheibe des Autos, enthält darüber hinaus noch folgende Giftnotruf-Zentralen:

Berlin Ost	225411, nachts 225410
Dresden	683160
Erfurt	26419
Greifswald	2211
Halle	21712
Jena	27142
Leipzig	31916
	79600, nachts 200032
Magdeburg	48201
Rostock	396785, nachts 396744
ferner	
Brüssel	454545 und 452929
Krakau	24170
Lodz	59900
Paris Bolivar	205-6329
Utrecht	789111
Wien	4289 und 2529
Zürich	326666

[1]) Chemische Fabrik Tempelhof, Berlin 42, Oberlandstr. 65

Sachverzeichnis

Sachverzeichnis